LA FABULEUSE HISTOIRE DE L'OCÉAN

PIERRE ROYER • JEAN-BAPTISTE DE PANAFIEU

LA FABULEUSE HISTOIRE DE L'OCÉAN

DE L'EAU, SOURCE DE VIE, AU COMMERCE MONDIAL

DUNOD

Direction artistique : Nicolas Wiel
Mise en pages : Nord Compo

NOUS NOUS ENGAGEONS EN FAVEUR DE L'ENVIRONNEMENT :

PAPIER CERTIFIÉ

Nos livres sont imprimés sur des papiers certifiés pour réduire notre impact sur l'environnement.

Le format de nos ouvrages est pensé afin d'optimiser l'utilisation du papier.

Depuis plus de 30 ans, nous imprimons 70 % de nos livres en France et 25 % en Europe et nous mettons tout en œuvre pour augmenter cet engagement auprès des imprimeurs français.

Nous limitons l'utilisation du plastique sur nos ouvrages (film sur les couvertures et les livres).

11 rue Paul Bert, 92240 Malakoff
www.dunod.com

ISBN 978-2-10-085868-2

SOMMAIRE

EXPLOITATION

PRÉSERVATION

AVANT-PROPOS

Si la Terre est surnommée « la planète bleue », c'est parce que sa surface est en grande partie recouverte par les océans, ou plutôt par un océan unique : la planète Terre est en réalité la planète « Mer ». Sans que nous en soyons toujours pleinement conscients, l'océan mondial nous fournit de la nourriture, des matières premières, de l'eau, et même une part importante de l'oxygène que nous respirons. C'est là que circulent depuis des millénaires humains et marchandises, pour la découverte du monde, pour la pêche, pour les affaires ou pour la guerre. Le rôle que joue l'océan dans le climat apparaît chaque jour plus essentiel. Dans le monde entier, les pays commencent à prendre conscience de l'importance de l'océan pour notre avenir.

Comment rendre compte de la richesse de l'histoire et de l'écologie maritimes en cent dates ? Il nous a bien sûr fallu faire des choix, en commençant par le plus fondamental : celui de l'angle d'approche. De fait, si ce livre a pour titre *La fabuleuse histoire de l'Océan*, c'est que nous avons cherché à associer étroitement l'homme et ce milieu qu'il connaît si mal, qui lui paraît le plus souvent hostile, et qui lui est pourtant vital. Le parti pris chronologique imposait aussi de rappeler les grandes étapes de la maîtrise progressive et de l'exploitation, par les sociétés humaines, de cet immense réservoir qu'est l'océan.

Certains événements s'imposaient, d'autres apparaîtront, nous l'espérons, plus insolites, voire déconcertants. Vous noterez sûrement des manques : nous les avons identifiés nous aussi, mais « choisir, c'est renoncer », et nous assumons nos choix, tout en partageant vos regrets. Bonne lecture et bon voyage ou plutôt, comme disent les marins, « bon vent et bonne mer ! »

Fondations

Si la mer est aussi importante sur la planète Terre, c'est également un élément omniprésent dans l'histoire des biotopes terrestres et de leur évolution. C'est en elle que naît la vie, lorsqu'aucune terre n'avait encore émergé ; elle encore qui joue un rôle essentiel dans la machine climatique. Ce qui ne veut pas dire que sa place ou ses caractéristiques soient immuables : dans le temps long, le niveau des mers fluctue, les courants marins se mettent en place et, surtout, les humains se hasardent sur cette immensité liquide qui imprègne fortement leurs sociétés et leurs civilisations. Mus par la curiosité autant que par la nécessité, les pionniers qui se lancent dans l'aventure sont toutefois

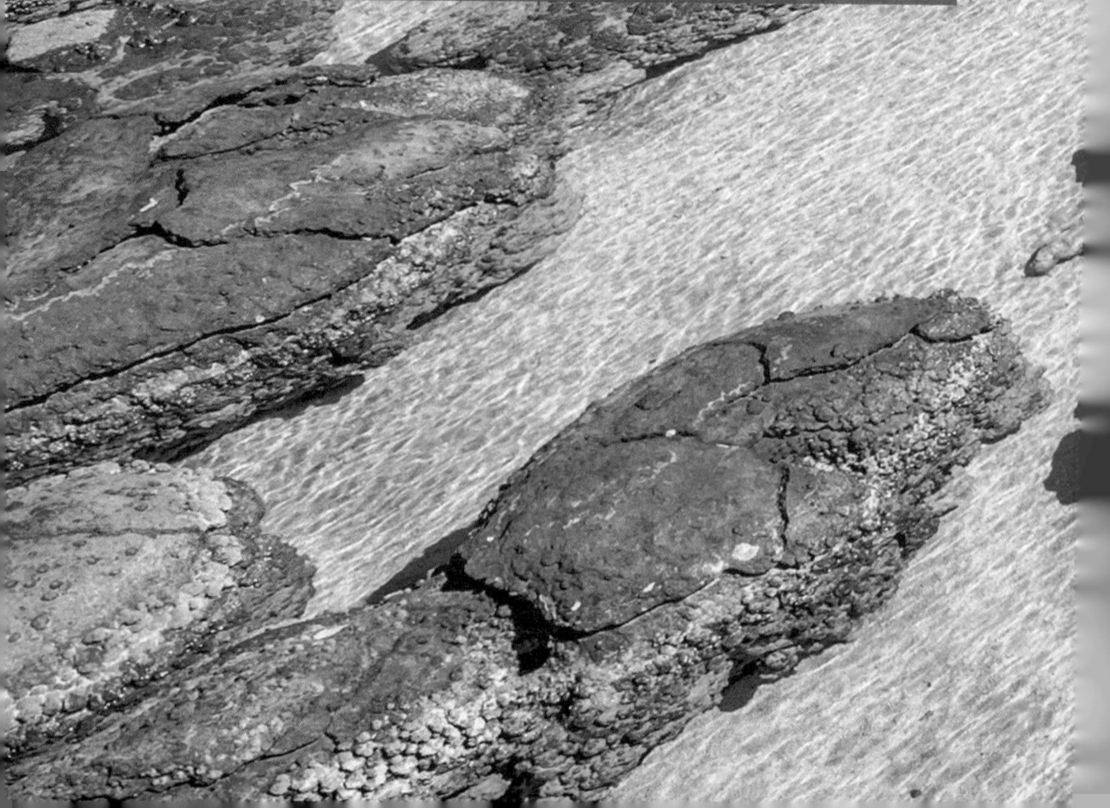

peu nombreux : même dans les sociétés installées en bord de mer, les agriculteurs sont majoritaires, loin devant les marins. Et parmi ces derniers, ceux qui s'éloignent des côtes pour plusieurs jours sont une minorité dans la minorité. Et parfois, leur mémoire et leurs compétences se perdent, frappées d'un oubli volontaire ou de l'usure du temps. Mais quand elle continue à vivre et à se transmettre, leur expérience imprime une forte marque sur la culture collective de leur nation. Car comme l'écrira André Suarès dans *Trois hommes* (1913) : « La mer modèle les mœurs comme elle fait les rivages. »

IL Y A 4,4 MILLIARDS D'ANNÉES

L'OCÉAN EN HÉRITAGE

Il y a 4,4 milliards d'années, l'eau commence à ruisseler sur les roches brûlantes de la jeune Terre. Les pluies torrides s'accumulent alors en un océan primitif encore bouillonnant.

Pour les géologues, c'est la présence de cristaux de zircon dans les roches terrestres les plus anciennes qui signe la présence d'eau liquide terrestre dès cette époque. Née 200 millions d'années auparavant, notre planète s'est formée à partir de l'accumulation de poussières et de roches en orbite autour du soleil. En quelques dizaines de millions d'années, sous l'effet des collisions et de la radioactivité, cet amas est entré en fusion et sa rotation sur lui-même l'a transformé en une boule incandescente. Peu à peu, l'ensemble s'est refroidi et les gaz produits par le magma ont constitué une première atmosphère riche en vapeur d'eau.

On ne sait pas exactement d'où est venue toute cette eau. Le magma en avait sans doute émis, mais les premiers gaz ont probablement été balayés par les vents solaires, avant que la formation du noyau terrestre ne protège l'atmosphère grâce à un bouclier magnétique. Les comètes et les météorites en apportaient aussi. Cependant, l'étude de la comète Tchouri a montré en 2014 que toute l'eau terrestre ne pouvait venir de ce type de corps célestes. Il semble que certaines météorites solides, les chondrites carbonées, aient également joué un rôle. Le débat sur la proportion des eaux primitive n'est toujours pas clos.

Dès ses débuts, la Terre présente un avantage sur les autres planètes du Système solaire, puisqu'elle se situe précisément à la bonne distance du Soleil pour que l'eau puisse exister sous les trois états : solide, gazeux, et surtout, liquide. C'est dans l'eau que, très vite, se produisent les premières réactions chimiques qui aboutiront à l'apparition de la vie.

Aujourd'hui, si notre planète était une sphère parfaite sans le moindre relief, elle serait couverte d'une couche d'eau de 3 kilomètres d'épaisseur. La Terre est en réalité la planète Océan.

Le sel de la mer

Les premiers continents ont été lessivés par le ruissellement des pluies acides de l'atmosphère primitive. L'eau a dissous le sodium des roches, qui a réagi avec les chlorures provenant du dégazage du magma, donnant du chlorure de sodium, c'est-à-dire du sel. L'eau de mer contient bien d'autres éléments chimiques, notamment du magnésium, du calcium et du potassium, mais aussi du brome, du fluor, du strontium, de l'or, du titane, etc.

Depuis des centaines de millions d'années, la concentration en sels est à peu près constante, en moyenne 35 grammes par litre d'eau de mer. Les fleuves en apportent continuellement, mais l'eau de mer qui circule dans la croûte océanique au niveau des dorsales réagit avec les roches volcaniques qui fixent une partie des sels.

☛ **VOIR AUSSI**

Il y a 4 milliards d'années : L'eau source de vie
Il y a 120 000 ans : La mer Morte disparaît
1977 : Les sources hydrothermales

IL Y A 3,5 MILLIARDS D'ANNÉES

L'EAU, SOURCE DE VIE

Les traces de vie fossile les plus anciennes sont datées de 3,5 milliards d'années, mais la vie est sans doute apparue longtemps auparavant.

En Australie et en Afrique du Sud, des roches datées de 3,5 milliards d'années présentent des stries qui évoquent les stromatolithes actuels, des structures minérales stratifiées dues à l'activité de bactéries marines. Cependant, les micro-organismes qui ont construit ces roches sont déjà complexes et assez divers. Des roches plus anciennes découvertes en 2017 au Canada et au Groenland semblent elles aussi montrer des traces d'activité biologique.

Où la vie est-elle apparue ? Pour se développer, elle a eu besoin d'eau, d'énergie et de matériaux. La matière vivante est constituée des éléments carbone, azote, oxygène, hydrogène et soufre. Ces éléments étaient en partie présents dans les roches, mais les météorites ont également pu en fournir. Quant à l'énergie, la jeune planète n'en manquait pas, sous forme de radiations ultraviolettes, de radioactivité des roches ou de chaleur provenant des sources hydrothermales océaniques.

Des expérimentations ont montré que dans les conditions de la Terre primitive, les matières carbonées étaient susceptibles de donner lieu à des réactions chimiques prébiotiques ; les surfaces minérales poreuses pouvaient grandement favoriser ces réactions. Beaucoup d'hypothèses ont été émises pour en trouver l'origine, des sources hydrothermales à des radeaux de pierre ponce volcaniques flottant sur la mer. Les lacs et les geysers continentaux proches des volcans pourraient aussi avoir contribué à l'apparition de la vie, car en périodes

Les stromatolithes de Shark Bay (Australie) ne sont pas très différentes des roches que construisaient les bactéries il y a 3,5 milliards d'années.

de sécheresse, les éléments nécessaires devaient se trouver concentrés, donc plus réactifs.

Les premiers êtres vivants étaient sans doute bien plus simples que les plus simples des bactéries actuelles. Même si l'on ne sait rien d'eux, on peut leur prêter les caractéristiques de toute vie : l'auto-organisation, la capacité à échanger de la matière et de l'énergie avec leur environnement, et bien sûr la faculté de se reproduire, avec des petites modifications à chaque génération, permettant l'évolution.

L'oxygène des bactéries

Pour élaborer un scénario réaliste expliquant l'apparition de la vie, il faut tenir compte de l'environnement réel de la Terre primitive. L'atmosphère était alors presque dépourvue d'oxygène (O_2) mais très riche en dioxyde de carbone (CO_2) et en méthane (CH_4). Il y a 2,4 milliards d'années, la concentration en oxygène a commencé à augmenter grâce à l'activité des cyanobactéries, ou « algues bleues ». Ces bactéries étaient dotées d'une nouvelle capacité : la photosynthèse. Elles utilisaient donc l'énergie solaire pour produire leur propre matière à partir du CO_2 dissous dans l'eau. Au passage, elles rejetaient un déchet : l'oxygène. Ce gaz s'est accumulé dans l'eau puis dans l'atmosphère. Ces microalgues bactériennes ont ainsi créé les conditions propices au foisonnement de la vie.

☛ VOIR AUSSI

Il y a 542 millions d'années : L'explosion du Cambrien
1793 : Marées rouges, vertes et blanches
1977 : Les sources hydrothermales

IL Y A 542 MILLIONS D'ANNÉES

L'EXPLOSION DU CAMBRIEN

Les premiers géologues, qui étaient convaincus que les roches les plus anciennes étaient « azoïques » (sans vie), ont été frappés par la brusque apparition des animaux fossiles dans les roches datant du Cambrien.

En réalité, les roches précambriennes contiennent bien des fossiles, mais ils sont presque tous microscopiques. Au début du Cambrien, il y a 542 millions d'années, la vie marine est devenue extraordinairement abondante et diverse. C'est peut-être l'événement le plus important de l'histoire de la vie, en tout cas du point de vue de l'organisme complexe que nous sommes ! Auparavant, les êtres vivants étaient presque tous unicellulaires. Mais il y a 2 milliards d'années, certaines de ces cellules se sont associées, formant des cellules plus complexes, dites « eucaryotes », dont l'ADN était contenu dans un noyau. Ces cellules se sont elles aussi regroupées et ont donné naissance aux premiers animaux et plantes pluricellulaires. Comme elles étaient dépourvues de squelette dur, leurs traces fossiles sont rares.

Vers –585 millions d'années, est apparue la faune marine d'Ediacara, d'abord décrite en Australie, puis observée dans le monde entier. Il s'agit d'organismes à corps mou, mesurant de quelques centimètres à un mètre de long. Leurs formes évoquent certains animaux actuels, comme des méduses, des coraux ou des vers, mais leur organisation interne semble très particulière. Il y a 544 millions d'années, la plupart de ces espèces ont disparu brusquement.

Juste après, sont apparus d'autres animaux, bien plus divers que les précédents : de nombreuses espèces possèdent désormais une carapace ou une coquille. Cette faune comprend des herbivores mangeurs d'algues et des carnivores, prédateurs ou charognards. On y trouve aussi des animaux filtreurs qui se nourrissent de plancton et des détritivores qui recyclent la matière organique déposée sur le fond. Tous ces animaux constituent les premiers écosystèmes marins, équivalents aux faunes actuelles.

Les Gabonionta

En 2010, des organismes fossiles découverts au Gabon sont datés de 2,1 milliards d'années. Toutes les formes de vie aussi anciennes connues jusqu'alors étaient microscopiques et unicellulaires. Or ces Gabonionta sont des organismes de plusieurs centimètres de long, sans doute multicellulaires. On ne sait pas encore si ce sont des colonies bactériennes ou des organismes eucaryotes. Mais dans ce cas, il s'agit probablement d'une lignée disparue sans descendants, car les multicellulaires suivants sont des algues qui n'apparaîtront qu'un milliard d'années plus tard !

☛ VOIR AUSSI

1793 : Marées rouges, vertes et blanches
1977 : Les sources hydrothermales
1904 : Le zooplancton

IL Y A 300 MILLIONS D'ANNÉES

LA PANGÉE ET LA PANTHALASSA

Il y a 300 millions d'années, tous les continents étaient réunis en un seul supercontinent, la Pangée, entourée d'un unique et immense océan, la Panthalassa.

Les continents avaient déjà été regroupés ainsi : les mouvements des plaques formant la croûte terrestre déplacent les continents sur toute la surface du globe, et ce depuis au moins 3,8 milliards d'années. Au gré de ces déplacements, les continents s'éloignent ou se rapprochent les uns des autres. Le plus ancien supercontinent que l'on puisse à peu près reconstituer, d'après l'analyse des affleurements géologiques, a été nommé « Rodinia ». Formé vers –1,1 milliard d'années, il commence à se disloquer il y a 700 millions d'années.

Les déplacements des continents aboutissent finalement à la formation d'un nouveau supercontinent, la Pangée. En forme de C, il présente un immense golfe intérieur, la Téthys. Au cours de l'ère secondaire, à partir de –75 millions d'années, il va lui aussi se morceler, donnant au sud le Gondwana, et au nord la Laurasie. L'Antarctique et l'Australie deviennent alors autonomes. L'océan Atlantique apparaît au niveau de l'équateur, séparant d'abord l'Afrique de l'Amérique du Sud, puis l'Europe de l'Amérique du Nord. L'Inde entame un long voyage qui aboutira à sa collision avec le sud de l'Asie, provoquant le soulèvement de l'Himalaya. Un mouvement de rotation de l'Afrique amènera l'Arabie au contact de l'Asie, enfermant au passage une partie de la Téthys. Ce petit océan intérieur est l'ancêtre de la Méditerranée actuelle.

Les continents n'ont jamais cessé de se déplacer. D'après leurs vitesses et leurs directions, on peut prévoir qu'ils se retrouveront tous réunis en une nouvelle Pangée dans environ 250 millions d'années. La tectonique des plaques joue un rôle très important pour la faune marine (et terrestre) : elle agit sur le climat, qui dépend de la taille des continents et de la disposition des reliefs, et fait aussi varier les surfaces des mers peu profondes, qui sont également les plus riches.

La tectonique des plaques

La croûte terrestre est divisée en une cinquantaine de plaques, dont quatorze grandes. Ce ne sont pas les continents qui se déplacent, mais les plaques dont ils font partie, à la vitesse de plusieurs centimètres par an. Les parties les plus anciennes de ces plaques sont plus froides et denses que le manteau sous-jacent. Elles ont alors tendance à s'enfoncer en passant sous la plaque voisine. Ce mouvement de subduction provoque des frottements entre plaques, responsables de nombreux séismes et éruptions volcaniques. C'est aussi à ce niveau que l'on trouve les fosses océaniques les plus profondes. La destruction des plaques par subduction est compensée par l'activité des dorsales océaniques, dont le volcanisme très actif produit continuellement de la croûte neuve.

☛ **VOIR AUSSI**

1634 : El Hierro, origine des méridiens
1991 : La ceinture de feu du Pacifique
1977 : Les sources hydrothermales

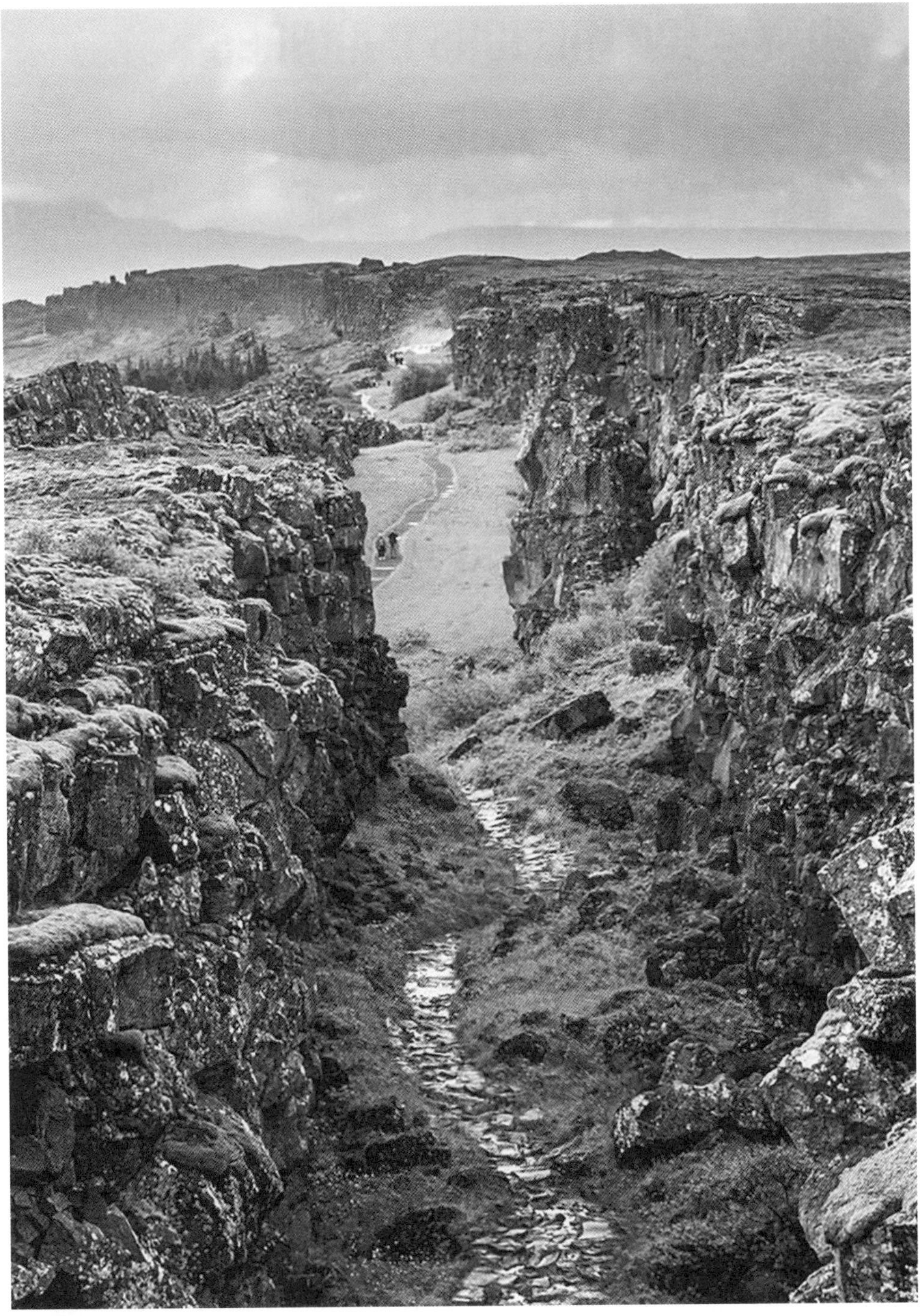

Les fractures qui écartent la croûte terrestre en Islande témoignent
de la divergence de deux plaques tectoniques.

IL Y A 100 MILLIONS D'ANNÉES

LE NIVEAU DES MERS EST AU PLUS HAUT !

À la fin du Crétacé, entre –100 et –66 millions d'années, le niveau des mers dépasse de 250 mètres celui que nous connaissons.

Le niveau des mers est mouvant, et il était plutôt plus élevé dans les temps géologiques qu'aujourd'hui (excepté il y a 250 millions d'années, à la charnière entre le Paléozoïque et le Mésozoïque). Même sur une courte période, le niveau peut varier considérablement : depuis 40 000 ans, il est passé de –140 à +2 mètres. Le niveau le plus bas fut atteint il y a 20 000 ans, lors de la dernière glaciation, dite « de Würm » ; la Manche n'existait plus, l'Amérique et la majeure partie de l'archipel indonésien étaient soudées à l'Eurasie, tandis que l'Australie, la Tasmanie et la Nouvelle-Guinée formaient un seul ensemble. Cette régression explique le peuplement par l'homme d'îles ou de continents désormais isolés.

Si les variations de niveau dans les temps géologiques (en millions d'années) s'expliquent avant tout par les mouvements tectoniques qui affectent le socle marin et la taille des bassins océaniques, celles des temps « historiques » (en millénaires) sont plus directement liées aux températures et à la fonte des inlandsis (glaces continentales) – en effet, les banquises, qui sont de l'eau de mer gelée, ne changent pas le niveau des mers en fondant. Une étude parue en 2014 montre que la fonte des glaces continentales est désormais responsable de 25 % de la hausse des mers, contre 5 % il y a 20 ans. Même si le volume total des glaces terrestres pourrait théoriquement faire monter l'Océan de

La côte ouest de la Norvège, entaillée de milliers de fjords qui pénètrent parfois jusqu'à plusieurs centaines de kilomètres dans les terres, est l'une des plus découpées au monde. Le rocher Trolltunga (« langue de troll »), proche du Sørfjorden, surplombe de 700 mètres... un lac, qui mériterait d'être un fjord (voir cahier couleurs, p. I) !

70 mètres, les projections les plus pessimistes tablent sur une montée des eaux de 5 mètres à la fin du siècle et de 20 mètres à la fin du millénaire. D'ailleurs, au rythme observé depuis les années 1990 (entre 3 et 4 millimètres par an), il faudrait encore plusieurs siècles pour submerger les Maldives, qui culminent à moins de 3 mètres d'altitude. Quelques dizaines de centimètres peuvent pourtant suffire à rendre invivable une île autrefois paradisiaque en multipliant les submersions lors des tempêtes, en accélérant l'érosion des côtes...

Naissance des fjords

Le réchauffement après la glaciation de Würm, commencé vers −18 000 ou −17 000, a provoqué une montée des eaux due à la fonte des glaces terrestres. Dans les vallées glaciaires littorales, les glaciers en recul laissent place à la montée des eaux marines, ce qui donne naissance aux fjords. Les falaises des fjords ont plusieurs centaines de mètres d'altitude et leurs profondeurs sont du même ordre, voire supérieures. Outre la Norvège, on trouve des fjords aux latitudes polaires ou subpolaires, et jusqu'en Écosse ou en Nouvelle-Zélande. D'autres vallées côtières ont été ennoyées sur une partie de leur cours, créant ce que les géographes appellent des « rias » – *abers* bretons ou vallée de la Chesapeake aux États-Unis –, mais l'origine glaciaire est spécifique aux fjords.

☛ VOIR AUSSI

2014 : L'érosion des côtes
2015 : Les Maldives

IL Y A 4,1 MILLIONS D'ANNÉES

LA NAISSANCE DU GULF STREAM

Le Gulf Stream est le deuxième plus important courant marin de la planète, après le courant circumpolaire. Son rôle écologique est essentiel, mais son rôle climatique est encore discuté.

Contrairement à ce que l'on pourrait croire, le fond des océans n'est pas figé ; la masse océanique est au contraire brassée en permanence par ce que les océanographes appellent la « circulation thermohaline », à savoir des déplacements d'eau provoqués par les différences de densité. La teneur en sel des eaux de surface évolue soit par évaporation (le sel de l'eau évaporée reste dans la mer), soit par refroidissement (une eau froide dissout une plus faible quantité de sel). Devenues plus lourdes, elles s'enfoncent alors et provoquent le déplacement d'énormes masses liquides qui circulent autour du globe, tantôt en profondeur, tantôt en surface, comme un gigantesque « tapis roulant » aquatique.

Le Gulf Stream s'est formé lorsque les deux Amériques se sont jointes et que l'isthme de Panama s'est fermé. Les eaux du courant nord-équatorial ont alors été déviées vers le nord-est et se sont unies aux courants de Cuba et de Floride, formant un puissant fleuve sous-marin situé entre 300 et 1 000 mètres de profondeur, large de 30 à 150 kilomètres et d'un débit équivalent à 300 fois celui du plus important fleuve terrestre, l'Amazone. Longeant les côtes américaines jusqu'à hauteur du cap Hatteras, en Caroline du Nord, ce courant poursuit ensuite sa route vers l'Est-Nord-Est. Il se dilue alors avec des eaux plus froides venues du Nord (courant du Labrador) ou se ramifie en branches moins puissantes, dont la Dérive nord atlantique qui parvient jusqu'en Europe du Nord-ouest. Repéré dès le XVIe siècle par les Espagnols, qui s'en servaient pour revenir plus vite en Europe, il a été étudié pour la première fois scientifiquement en 1770 par Benjamin Franklin, peu de temps après que le capitaine Timothy Folgers en eut dressé la première carte.

La mort du Gulf Stream ?

Puisqu'il est « né », le Gulf Stream pourrait-il « mourir » ? C'est ainsi en tout cas que les médias ont résumé il y a quelques années un rapport du Groupe d'experts intergouvernemental sur l'évolution du climat (GIEC) qui s'inquiétait des modifications potentielles de la circulation thermohaline. Pour autant le Gulf Stream étant un courant superficiel, il ne serait que marginalement concerné. En outre, alors qu'on pensait depuis le XIXe siècle que la Dérive nord atlantique expliquait la douceur du climat européen comparé à celui de l'Amérique à latitude égale (Paris est à la latitude de Terre-Neuve, Madrid à celle de New York), une étude publiée en 2002 par Richard Seager, de l'université Columbia, suggère que son influence climatique serait marginale par rapport au régime des vents et aux mouvements atmosphériques. La fin éventuelle du Gulf Stream n'entraînera pas forcément une « glaciation » en Europe.

☛ VOIR AUSSI

2014 : El Niño
2014 : La plateforme océan-climat

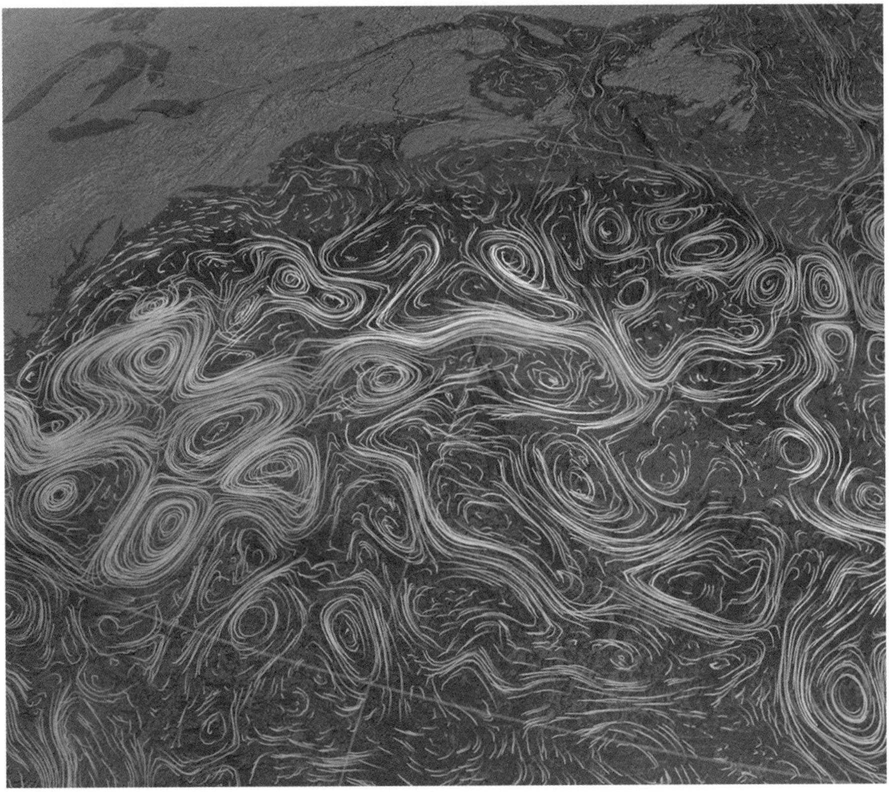

Le trajet du Gulf Stream et de la dérive nord atlantique est ici rendu visible en utilisant les différences de température des eaux de surface – dans un océan à moins de 13 °C, les volutes montrent des zones approchant les 20 °C, voire près de 30 °C près de la Floride (voir cahier couleurs, p. II).

IL Y A 120 000 ANS

LA MER MORTE DISPARAÎT

Au cours de la période interglaciaire Riss-Würm, période chaude et sèche, la mer Morte s'est totalement asséchée. Ce risque d'assèchement menace aujourd'hui de nombreux lacs, salés ou non.

Malgré son nom, la mer Morte n'est pas une mer mais un lac, puisqu'elle ne communique pas avec l'Océan. Pourquoi alors l'appelle-t-on « mer » ? Pas pour sa taille – avec quelque 800 km^2, elle est bien plus petite que la mer Caspienne, le plus grand lac du monde (371 000 km^2) et que nombre d'autres lacs salés comme le lac de Van ou le lac Turkana – mais pour sa salinité. Si on associe mer et eau salée, elle est même la mer par excellence, puisque son taux de sel (275 g/L) est huit fois supérieur à la moyenne des océans (33 à 36 g). De quoi empêcher quasiment toute vie animale ou végétale – d'où le qualificatif de « morte », même si on y a découvert des micro-organismes appelés « archées » – et permettre d'y flotter sans effort, pour le grand bonheur des touristes.

Le niveau de la mer Morte a atteint son maximum il y a 10 000 ans et baisse actuellement de 0,7 à 1,4 mètre par an : elle a perdu un tiers de sa superficie en 50 ans. La cause n'est plus seulement l'assèchement du climat, mais plutôt les prélèvements d'eau dans le Jourdain, son principal affluent. La même cause, à une échelle plus grande encore, a quasiment condamné la mer d'Aral, en Asie centrale.

Saturées en sels, les eaux de la mer Morte laissent en s'évaporant d'importants dépôts salins (croûtes, boues, etc.), utilisés dans les instituts de thalassothérapie voisins ou dans l'industrie des cosmétiques.

Pour éviter que la mer Morte ne connaisse le même sort, Israël, la Jordanie et l'Autorité palestinienne ont signé en 2013 un accord pour financer un transfert d'eau depuis la mer Rouge. L'eau sera dessalée avant d'être utilisée pour l'irrigation et pour réalimenter la mer Morte, qui n'a évidemment pas besoin d'un apport en sel supplémentaire ! Ce transfert, encore loin d'être mis en œuvre, serait facilité par la position particulière de la mer Morte, qui se trouve au niveau le plus bas de la surface terrestre, à plus de 400 mètres sous le niveau de la mer. Pas étonnant que la Bible ait localisé Sodome et Gomorrhe sur ses rives…

Le dessalement de l'eau de mer

En 2013, Israël a inauguré à Sorek la plus grande usine de dessalement selon la technique de l'osmose inverse. Il existe déjà plus de 2 000 usines de dessalement dans le monde, mais la plupart utilisent la technique classique de chauffage et de distillation de l'eau, qui exige beaucoup d'énergie et rejette des eaux chaudes dans les mers, donc contribue doublement au réchauffement climatique. La technique d'osmose inverse consiste à mettre l'eau sous pression et à la faire passer par des membranes qui retiennent le sel, fournissant une eau moins chère. L'usine de Sorek peut ainsi produire 150 millions de mètres cubes d'eau potable par an – de quoi satisfaire quelque 2 millions d'habitants (23 % de la population du pays) – pour seulement 50 centimes d'euros le mètre cube. Inconvénient : elle rejette aussi des saumures (eaux fortement salées) très concentrées.

☛ **VOIR AUSSI**

Il y a 4,4 milliards d'années : L'océan en héritage

1500 AVANT NOTRE ÈRE

DES DAUPHINS ET DES HOMMES

Le palais de Cnossos, en Crète, abrite les plus anciennes représentations connues de dauphins, datées de 1 500 ans avant notre ère. À cette époque déjà, le dauphin était considéré comme un ami des humains.

Rarement agressifs, offrant une physionomie souriante (une simple disposition anatomique sans signification), les dauphins sont dans le monde entier considérés comme des animaux sympathiques et amicaux. Tous les naturalistes antiques ont rapporté les récits de dauphins sauvant des naufragés ou se prenant d'amitié pour de jeunes humains. Ils étaient réputés aider les navires en signalant l'arrivée d'une tempête ou la présence d'un bâtiment ennemi. Le poète Oppien décrit la façon dont les dauphins aident les pêcheurs à capturer les bancs de poissons. Selon lui, « c'est offenser les dieux que de chasser les dauphins ».

Pourtant, même à son époque, ils étaient tués par certains peuples. Ils le sont toujours aujourd'hui, soit parce qu'ils gênent les pêcheurs, soit parce que leur chair est appréciée. Au Moyen Âge, le dauphin était considéré comme un « poisson » et pouvait être consommé les jours de jeûne. Pendant la guerre froide, des dauphins ont été entraînés par les militaires russes et américains pour aller porter des mines jusqu'aux navires ennemis. Et si les delphinariums sont de plus en plus contestés, ils sont encore nombreux à attirer le public.

Il en existe près d'une quarantaine d'espèces, dont plusieurs vivent dans les grands fleuves d'Asie et d'Amérique du Sud. Certains d'entre eux sont très menacés et pourraient subir le sort du dauphin de Chine, dont la disparition en 2007 est sans doute due aux effets conjugués de la pêche et de la pollution.

Les dauphins ont fait l'objet de nombreux travaux scientifiques, visant notamment à déchiffrer leur langage complexe fait de cliquetis et de sifflements audibles ainsi que d'ultrasons. Malgré des dizaines d'années d'études, ce langage reste mystérieux.

Retour à la mer

Les ancêtres des cétacés (dauphins et baleines) étaient des animaux quadrupèdes terrestres. Ainsi, le fossile de l'*Ambulocetus*, ou baleine marcheuse, a été décrit en 1993. C'était un prédateur aux mœurs franchement aquatiques. Malgré ses quatre pattes, son appartenance à la lignée des cétacés est attestée par la structure de son oreille interne et par la forme de ses dents. Sa tête est très similaire à celle des baleines archaïques, apparues quelques millions d'années plus tard. Chez celles-ci, les pattes antérieures s'étaient transformées en nageoires au cours de leur évolution. Mais elles possédaient encore des petites pattes postérieures, alors que les cétacés actuels ne présentent plus que deux petits os vestigiaux, enfouis dans les profondeurs de l'abdomen.

☛ **VOIR AUSSI**

1844 : Le commerce des coquilles

1911 : Le retour de la loutre de mer

1982 : La chasse à la baleine

La fresque des dauphins du palais de Cnossos (Crète) date du XVe siècle avant notre ère.

VERS 700 AVANT NOTRE ÈRE

L'*ODYSSÉE* D'HOMÈRE

L'*Odyssée* (qui désigne Ulysse en grec) est un poème qui raconte les tribulations d'un souverain grec mythique revenant de la guerre de Troie. Mais y a-t-il une part de vrai dans cette épopée ?

L'interrogation est aussi ancienne que le débat sur Homère lui-même : personnage mythique, amalgame de plusieurs conteurs, ou premier génie de la littérature occidentale ? La matière de l'œuvre est-elle purement imaginaire ou s'appuie-t-elle sur un substrat réel ? Peut-on y voir un tableau de la Méditerranée et des dangers, réels ou légendaires, affrontés par les colons et les marchands grecs qui la sillonnaient en ce VIIIe siècle marqué par le début de la colonisation grecque (l'émigration, volontaire ou contrainte, de populations grecques pour fonder de nouvelles cités) ?

La lecture des épisodes obéit en fait à plusieurs clés : les unes, tirées de traditions mythologiques antérieures, les autres plus empiriques. De nombreux lieux de l'*Odyssée* ont ainsi pu être identifiés dans la mer Tyrrhénienne, autour de la « Grande Grèce », grâce à des descriptions aussi précises que des instructions nautiques. Ainsi, le pays des Lestrygons, géants créateurs de monuments mégalithiques, ressemble à la Sardaigne, où l'on trouve ce type d'édifice. Les deux monstres Charybde et Scylla représenteraient les dangers du détroit de Messine, entre la Sicile et la Calabre. Quant aux Lotophages, la connaissance des propriétés narcotiques du jujubier de Tunisie a sans doute poussé Homère à les localiser au Maghreb, mais la rencontre avec ce peuple au début de leur périple marque aussi symboliquement pour Ulysse et ses compagnons l'entrée dans un monde inconnu et le risque d'oubli qui guette tout voyageur. Or, Ulysse est justement celui qui conserve la mémoire de son foyer pendant dix ans, jusqu'à refuser l'immortalité et l'amour de Calypso, qui ne réussit à le retenir que sept ans sur son île enchanteresse d'Ogygie, dont la perfection évoque un lieu imaginaire mais dont certains détails se retrouvent à Perejil, un îlot du détroit de Gibraltar.

L'Atlantide, première « utopie »

La mer et les îles sont de puissants vecteurs de l'imaginaire qui encouragent les rêves d'altérité radicale, voire de refondation de l'humanité. Plusieurs auteurs ont situé dans des îles des sociétés humaines « parfaites », dont les lois et usages, censés assurer la prospérité et le bonheur des habitants, sont bien souvent l'antithèse de celles observées dans la société réelle. Platon a été le premier, en développant dans le *Critias* le mythe du peuple des Atlantes, qui donna son nom à un continent qu'il situait à l'ouest du monde et à l'océan qui l'aurait englouti. Comme pour l'*Iliade* et l'*Odyssée*, il est sans doute vain de chercher une identification historique précise, sinon comme source d'inspiration lointaine, de ces « lieux qui n'existent pas », traduction du mot « utopie » créé par Thomas More en 1516.

☛ VOIR AUSSI

Vers 100 : *Le Périple de la mer Érythrée*
1698 : Halley invente l'expédition scientifique
1766 : Bougainville, le voyage des faux-semblants

VERS 100

LE PÉRIPLE DE LA MER ÉRYTHRÉE

Le Périple de la mer Érythrée est un texte grec anonyme décrivant les côtes et les courants de navigation entre mer Rouge et océan Indien.

Le mot « périple » est l'exact équivalent grec de « circumnavigation », et la « mer Érythrée » désignait en grec l'océan Indien et ses prolongements occidentaux. Ce texte, composé de 66 courts chapitres répartis géographiquement, est une présentation complète, voire technique, des ports et des produits circulant de l'Asie vers l'Occident. Contrairement aux ouvrages savants de la même période, comme la *Géographie* de Ptolémée, dont les auteurs ne connaissent qu'indirectement de nombreux pays dont ils parlent, l'auteur du *Périple* a manifestement visité les lieux qu'il décrit, sauf peut-être lorsqu'il s'aventure à parler de la Chine.

Il témoigne de courants remontant à la plus haute Antiquité : l'Égypte antique était déjà en contact avec les commerçants indiens qui savaient traverser l'océan dans les deux sens grâce à l'inversion des flux de mousson. De nombreuses marchandises d'Asie du Sud ou d'Arabie alimentaient cette « route de la soie » du sud : des épices telles que le poivre ou la cannelle ; des matières précieuses comme l'ivoire, les perles ou des pierres comme l'onyx ou l'agate ; des tissus de coton ou de soie ; du bois de santal ou d'ébène ; des aromates comme la myrrhe ou l'encens.

Le dhow (ou boutre) sillonne mer Rouge et océan Indien depuis la plus haute Antiquité. De taille variable – du transport massif à la simple pirogue à balancier (comme ici) –, il se caractérise par des voiles triangulaires gréées sur des mâts antennes qui lui donnent des airs de libellule.

Le parcours traditionnel combinait la traversée maritime de l'océan Indien et les pistes caravanières jusqu'en Méditerranée. Les Phéniciens introduisirent la navigation en mer Rouge (traduction littérale du grec « Érythrée ») pour diminuer le trajet terrestre et les intermédiaires, de sorte qu'à l'époque romaine, le delta du Nil avec Alexandrie était une plaque tournante rivalisant avec les cités des confins du désert telles que Palmyre. La vision d'un monde antique et médiéval limité au bassin méditerranéen est donc proche d'un contresens, tant l'océan Indien apparaît comme le cœur battant de toutes les « mondialisations ».

Les routes de la soie : un anachronisme

Marco Polo, ou ses homologues, n'ont jamais arpenté les « routes de la soie », pour la simple raison que les itinéraires commerciaux entre Orient et Occident ne s'appelaient pas ainsi. Le secret de fabrication de la soie était jalousement gardé par les Chinois qui surveillaient son exportation. Le tissu ne constituait donc nullement la principale marchandise transportée par les caravanes, qui convoyaient aussi de l'ivoire, des pierres précieuses, de l'encens, et surtout des épices. C'est seulement au XIXe siècle qu'un historien allemand utilisa l'expression « routes de la soie » pour qualifier ces itinéraires, induisant une survalorisation de ce produit dans les échanges antiques et médiévaux. La reprise de l'expression « nouvelles routes de la soie » pour désigner une politique chinoise qui s'appelait, en 2013, « *One belt, one road* », puis aujourd'hui « *Belt and road initiative* » (BRI), est encore plus anachronique, car la soie ne sera sûrement pas le produit le plus échangé dans ce cadre !

☛ VOIR AUSSI

Vers 700 avant notre ère : L'*Odyssée* d'Homère
1433 : Les expéditions de Zheng He

VERS 530

LE *TRAITÉ DE L'ASTROLABE*

Si l'astrolabe semble connu du monde grec dès le IIe siècle avant notre ère, le premier traité connu sur cet instrument astronomique n'est écrit que 700 ans plus tard.

L'astrolabe est constitué d'un cercle gradué avec un dispositif de visée. Il sert notamment à déterminer l'heure en fonction de la hauteur des astres et illustre très bien le principe cumulatif des innovations, en particulier en matière de navigation. Perfectionné au Moyen Âge par les Arabes, qui l'utilisaient en astronomie, il circule autour de la Méditerranée puis en Europe, où les Portugais l'adaptent à la navigation au XVe siècle. L'astrolabe est alors combiné aux tables astronomiques, documents qui donnent avec précision la position du Soleil, de la Lune et des planètes sur chaque méridien et sur plusieurs années, voire décennies. Les premières tables astronomiques connues en Occident ont été établies à Tolède au XIe siècle et imprimées en Italie à partir du XVe siècle.

Grâce à ces documents, il devient possible de calculer sa position de jour comme de nuit, et donc de s'éloigner des côtes, grâce à un instrument de visée simple, appelé « arbalète » ou « bâton de Jacob », fournissant une estimation de la hauteur des astres sur l'horizon. Le premier texte connu témoignant de l'utilisation de techniques de navigation astronomique est le rapport d'un voyage portugais de 1460. Elles restaient néanmoins approximatives et ne donnaient que la latitude… On ne peut donc qu'être admiratif devant l'œuvre accomplie par les navigateurs de cette époque. L'essentiel des explorations maritimes seront en effet achevées avant qu'il soit possible d'établir sa longitude autrement que par l'estimation de la distance parcourue. Il faudra attendre le milieu du XVIIIe siècle et la méthode des distances lunaires pour que les navigateurs commencent à avoir une estimation acceptable de la longitude. Longitude qui ne sera connue avec précision qu'à la fin du siècle grâce à la généralisation des chronomètres de marine. C'est aussi le moment où la mise au point du sextant fera disparaître l'arbalète et l'astrolabe des chambres de cartes.

L'invention de la boussole

Comme beaucoup d'inventions anciennes, celle de la boussole est anonyme et progressive. La connaissance du magnétisme terrestre est attestée en Chine deux cents ans avant notre ère, mais il faut attendre l'an 1117 pour avoir une preuve de l'utilisation d'un objet aimanté à bord d'un navire. La boussole est peut-être parvenue en Europe par les Arabes ; les Européens en firent progressivement un instrument de navigation permettant de faire des relèvements et de suivre un cap, le compas de marine. Ce faisant, ils enrichirent cette invention, comme d'autres venues de Chine, par exemple la poudre que les Chinois utilisaient rarement dans des canons faute de métallurgie assez performante ou d'ennemi assez compact pour que l'artillerie ait un intérêt.

☛ VOIR AUSSI

1433 : Les expéditions de Zheng He
1714 : Le Parlement britannique vote le Longitude Act
1766 : Bougainville, le voyage des faux-semblants
1768 : James Cook, chasseur de mythes
1793 : « A-t-on des nouvelles de M. de la Pérouse ? »
1995 : Le GPS

Astrolabe yéménite ayant appartenu à Ali ibn Rasul al-Muzaffari (1291).

1177

LES NOCES DE VENISE ET DE LA MER

À l'Ascension de l'année 1177, le doge Sebastiano Ziani jette un anneau dans la mer Adriatique en prononçant la formule rituelle : « Nous t'épousons, mer, en signe de véritable et perpétuelle domination. »

Lorsqu'au VIe siècle, les Vénitiens se réfugièrent sur des îlots au milieu d'une lagune au nord du delta du Pô, pour fuir l'invasion lombarde, ils lièrent leur destin à la mer. Une mer qui les isolait, les protégeait, mais les obligeait aussi à importer la quasi-totalité de leurs denrées alimentaires, dans le cadre d'un monopole exercé par la République de Venise. Constituée de 120 îlots agrégés, s'étendant sur seulement 5 km^2, la ville se distingue en effet de ses rivales italiennes (Gênes, Pise, Amalfi, etc.) par son absence d'arrière-pays : à son apogée, du XVe au XVIe siècles, sa domination sur la côte orientale de l'Adriatique se limitait à la frange littorale et, si elle contrôlait la majorité des îles de la Méditerranée orientale, de Corfou à Chypre en passant par Eubée, la Crète et les Cyclades, elle n'avait comme points d'appui continentaux que des comptoirs commerciaux, allant jusqu'à la mer Noire. Grâce à ces comptoirs, Venise contrôlait les débouchés des routes de la soie et des épices, bien connues depuis les voyages en Chine de la famille Polo, au XIIIe siècle. Les Vénitiens surent aussi jouer de la puissance militaire – parfois celle d'alliés ou de mercenaires – et d'un opportunisme sans scrupule, comme en 1204, lorsqu'ils détournèrent la IVe Croisade pour prendre et

Venise au XVIIIe siècle. On reconnaît (de droite à gauche) les coupoles de Saint Marc et son campanile, le dôme de Santa Maria della Salute et San Giorgio Maggiore. Le tableau de Francesco Guardi (1712-1793) représente le *Bucentaure*, nom venant probablement du *bucio*, type de navire vénitien à rames, contracté avec *di oro*, qui signifie « [couvert] d'or » (voir cahier couleurs, p. III).

piller Constantinople, d'où ils rapportèrent (notamment) les « lions de Saint Marc ».

Les Vénitiens inventèrent enfin les premiers instruments du capitalisme, comme la propriété par actions avec la bourse aux parts de navires installée au Rialto, où il était possible d'acquérir un « morceau » de navire marchand et de sa cargaison. Rien d'étonnant à cela : cette république était dirigée par des institutions, certes élues, mais dominées par le patriciat marchand. Le chef de la ville, le doge, cessa d'ailleurs d'être élu par l'assemblée populaire dès 1172.

Le *Bucentaure*, du « crime » à la réconciliation

Si la tradition du mariage avec la mer (*sponsalizio del mare*) existait sans doute avant, c'est au XIIe siècle que se fixe son cérémonial, sous l'influence du pape Alexandre III. Ce rite est emblématique d'une thalassocratie, terme désignant un État dont la survie et la puissance dépendent de la mer (*thalassa* en grec ancien). À partir de 1277, la galère d'apparat – où prenaient place le doge et ses invités pour se rendre jusqu'au lido (le cordon dunaire fermant la lagune) – porte le nom de *Bucentaure* ; il en exista quatre modèles successifs, dont le dernier, lancé en 1728, fut brûlé en 1798 par les soldats français pour récupérer l'or qui le recouvrait. Depuis 2008, une fondation souhaite reconstruire le navire de 43 mètres de long à l'identique, et la France a offert 600 chênes, en 2014, pour que le projet commence à se concrétiser.

☛ VOIR AUSSI

1714 : Le Parlement britannique vote le Longitude Act

1215

10 000 HARENGS EN CADEAU

En 1215, le comte de Ponthieu offre 10 000 harengs à l'abbé de Cluny. Le hareng était alors le « poisson roi », dont le zoologiste Lacepède écrit encore au XVIIIe siècle que sa production « décide de la destinée des empires ».

De taille modeste – moins de 30 centimètres –, le hareng vit en bancs dans les eaux froides et peu profondes (moins de 400 mètres), et remonte en surface la nuit. Endémique en Baltique, il abonde aussi en mer du Nord et dans la Manche, où sa pêche est attestée depuis le haut Moyen Âge, ainsi que dans le Pacifique. En France, le littoral au nord de la Seine comptait de multiples ports harenguiers, dont Boulogne-sur-Mer et Fécamp, qui alimentaient les marchés parisiens, où les « harengères » avaient une solide réputation de parler direct et… cru !

Le hareng est accessible au plus grand nombre car il supporte très bien les traitements de conservation : salage, fumage, saurissage (combinaison des deux autres), ce qui favorisait le commerce à longue distance. En ces temps où les jours « maigres » imposés par l'Église représentaient plus de cent cinquante jours par an et où la pêche terrestre, comme la chasse, était un droit seigneurial, ce poisson marin abondant et facile à conserver était une bénédiction ! Il le fut en particulier pour les pays du nord de l'Europe (Scandinavie, Pologne, Pays-Bas, Grande-Bretagne, Hanse germanique) qui firent de son exportation une activité lucrative et de sa consommation une spécialité culinaire. Outre son apport économique, la pêche au hareng a entretenu une véritable culture maritime, permettant le perfectionnement des techniques de construction navale et préparant des générations de marins aguerris pour les flottes de commerce et de guerre.

Le hareng fut aussi l'une des premières victimes de la surpêche : après un pic de captures dans les années 1960, avec un tonnage double de celui d'avant-guerre, l'effondrement des prises dans les années 1970 provoqua la première grave crise de l'« Europe bleue » et une prise de conscience de ce que les ressources halieutiques n'étaient pas inépuisables.

La Hanse, du commerce à la puissance

Une hanse est une association de commerçants. Celle constituée par des marchands allemands en Baltique à la fin du XIIe siècle fut soutenue par les pouvoirs civils et religieux autant pour développer le commerce que pour combattre la piraterie. Puissante, elle fut rejointe par un grand nombre de villes marchandes, et s'étendit, au XIVe siècle, de Novgorod à Londres, en passant par Lübeck ou Hambourg. Avec ses mercenaires et sa flotte, elle gagna le monopole du transport du grain, puis celui du commerce des harengs de la Baltique, et contrôla les détroits danois. En déclin à partir du XVIIe siècle, l'esprit hanséatique renaît depuis la fin de la guerre froide avec des associations de ports et de villes riveraines de la Baltique, devenue entre-temps la mer « la plus polluée du monde ».

☛ VOIR AUSSI

1975 : La révolution halieutique
1992 : La guerre de l'anchois

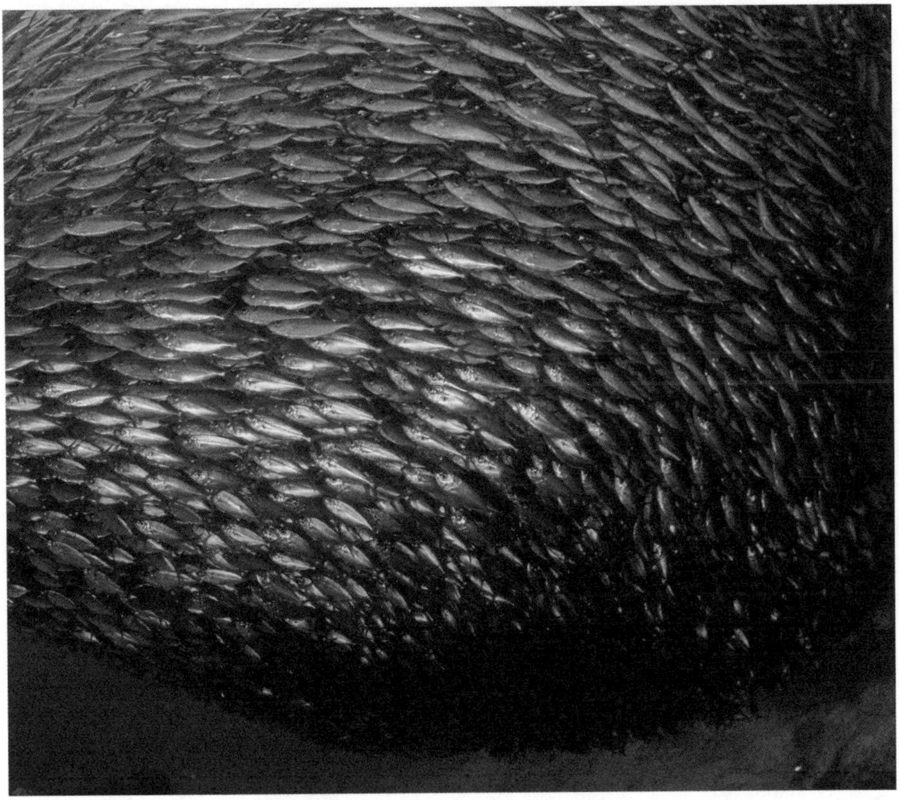

Comme les harengs, les harengules vivent en bancs.
Lorsque le banc est attaqué par des prédateurs, les poissons forment une boule dense qui tourne sur elle-même, les individus cherchant tous à en gagner la zone le plus sûre : le centre. Leur surexploitation affecte aussi leurs prédateurs : baleines, phoques, oiseaux marins, etc.

Explorations

À partir du Moyen Âge, les sociétés humaines maîtrisent de mieux en mieux la navigation et sont capables de répéter les voyages lointains, donc de longue durée. S'ils ne sont pas les premiers, les Européens se montrent les plus constants et les plus audacieux ; surtout, ils gardent et transmettent les acquis de leurs voyages, produisant un savoir cumulatif. Avides de produits exotiques, procurant d'importants profits, mais aussi de connaissances, sources de prestige et de puissance géopolitique, ils mettent en contact les différents continents et colonisent l'Amérique, suscitant de massifs déplacements de populations, volontaires ou contraints.

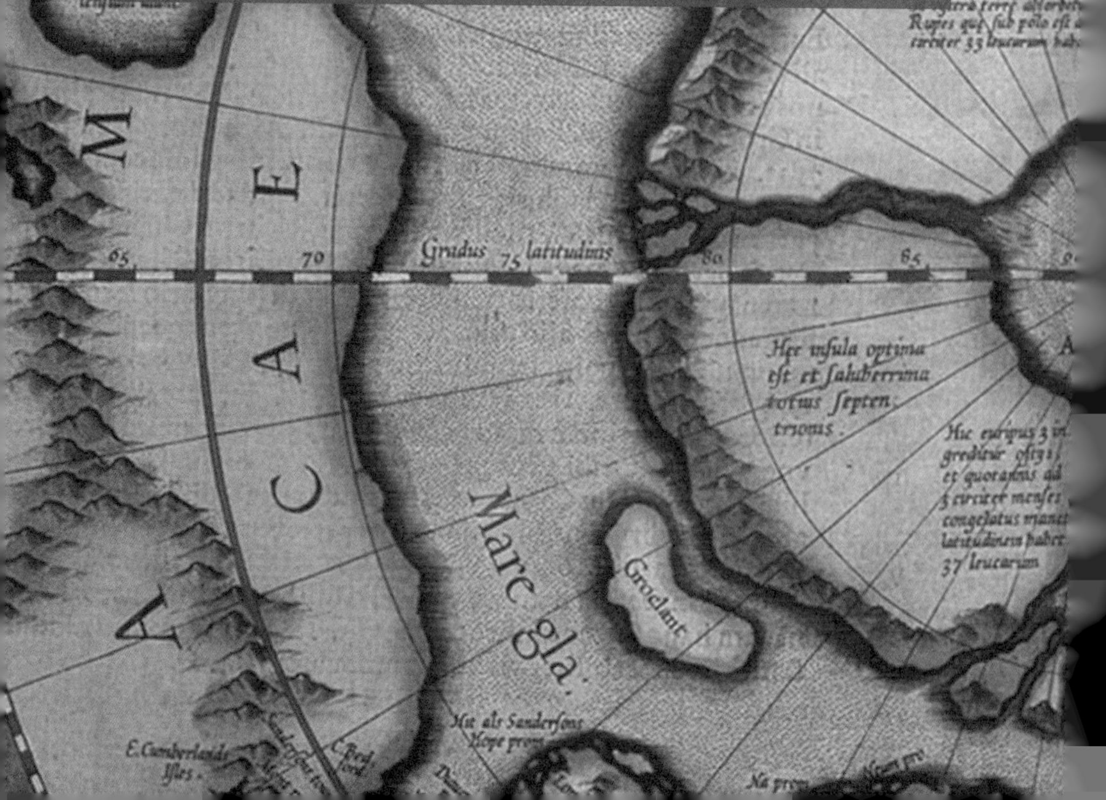

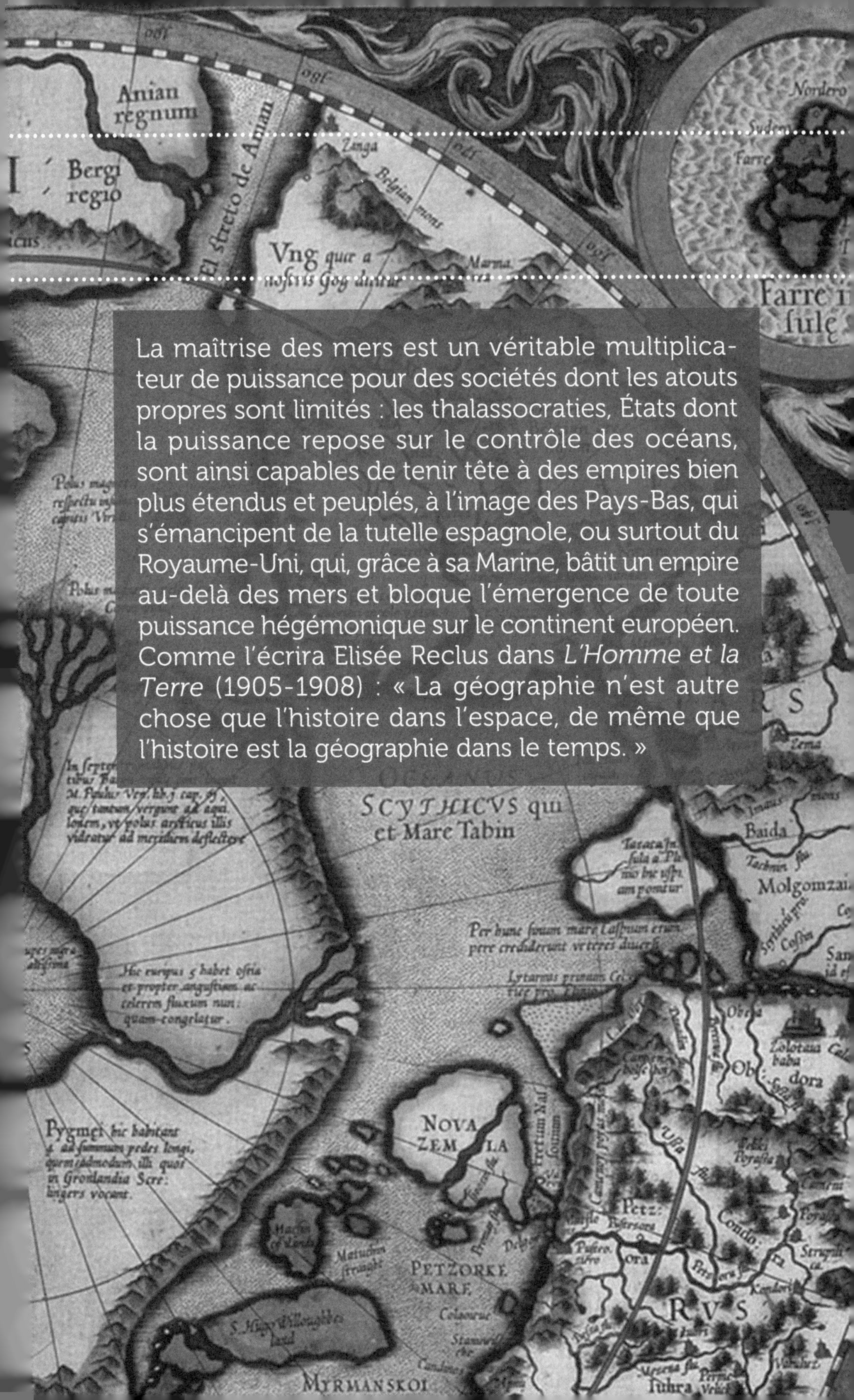

La maîtrise des mers est un véritable multiplicateur de puissance pour des sociétés dont les atouts propres sont limités : les thalassocraties, États dont la puissance repose sur le contrôle des océans, sont ainsi capables de tenir tête à des empires bien plus étendus et peuplés, à l'image des Pays-Bas, qui s'émancipent de la tutelle espagnole, ou surtout du Royaume-Uni, qui, grâce à sa Marine, bâtit un empire au-delà des mers et bloque l'émergence de toute puissance hégémonique sur le continent européen. Comme l'écrira Elisée Reclus dans *L'Homme et la Terre* (1905-1908) : « La géographie n'est autre chose que l'histoire dans l'espace, de même que l'histoire est la géographie dans le temps. »

1288

BATAILLE DANS LA BAIE D'ALONG

La baie d'Along (ou de Ha Long) est une merveille naturelle située au Vietnam, classée par l'UNESCO en 1994. Elle fut le théâtre de plusieurs batailles, durant lesquelles le pays jouait son indépendance.

La baie se situe dans le nord du Vietnam, à proximité du delta du fleuve Rouge, où se trouvent aujourd'hui le grand port d'Haïphong, fondé par les Français au XIXe siècle, et surtout Hanoï, la capitale du royaume médiéval du *Dai Viet* (« grand Viet »). Son relief constitue ce que les géologues appellent un « karst immergé » ou « ennoyé » : des sédiments déposés au fond des mers à l'ère primaire ou secondaire, quand le niveau des mers était nettement au-dessus de son niveau actuel, ont donné des roches calcaires travaillées par l'érosion lorsque l'ancien fond marin s'est retrouvé partiellement à l'air libre. Le calcaire est très sensible à la dissolution chimique par l'eau, qui creuse des galeries et des formes capricieuses, dissolution qui est particulièrement active sous un climat tropical, chaud et humide, comme celui de la région.

La baie d'Along est ainsi une vaste aire littorale de plus de 65 000 hectares – l'Unesco a élargi de 50 % la zone initiale en 2000, puis en 2023, en intégrant l'archipel de Cat Ba –, au sein desquels émergent entre 1 600 et 2 000 îles et îlots, dont les plus étendus abritent d'importantes grottes comportant des concrétions (stalactites, stalagmites, etc.). Les versants abrupts de la plupart de ces rochers, qui leur donnent une forme de piliers, expliquent qu'ils n'aient jamais été occupés par l'humain. Pourtant, aujourd'hui, le plus grand karst marin du monde est le site le plus fréquenté du Vietnam, avec quelque 2,5 millions de visiteurs annuels avant la pandémie de 2020, ce qui rend impossible d'en apprécier le charme naturel, à moins de faire abstraction des interminables files d'attente aux embarcadères ou de la noria de navires chargés de touristes qui sillonnent la baie en tous sens.

C'est dans ce théâtre grandiose que la flotte chinoise envoyée par Kubilaï Khan (1215-1294), le fondateur de la dynastie mongole des Yuan, fut bloquée par la flotte du *Dai Viet* et totalement anéantie. Cette bataille, dite « du Bach Dang » – un des cours d'eau qui se jettent dans le golfe du Tonkin dans cette région –, eut lieu le 8 avril 1288 et mit fin à la troisième et dernière tentative d'invasion sino-mongole, après celles de 1258 et de 1285.

Du *Dai Viet* au Vietnam

Au Moyen Âge, l'actuel territoire du Vietnam était divisé en deux États : le *Dai Viet*, au nord, était une puissance terrienne, tandis que le Champa, peuplé principalement par l'ethnie cham, occupait le centre et le sud et constituait une thalassocratie. Le *Dai Viet* était sous influence chinoise, tandis que l'ouverture maritime et les liens commerciaux du Champa le mettaient en contact avec le monde indo-malais. Les deux rivaux firent cause commune face aux envahisseurs sino-mongols, qui subirent un nouvel échec après ceux infligés par le Japon en 1274 et 1281. Mais ils reprirent très vite leur conflit et au XVe siècle, le *Dai Viet* finit par écraser le Champa, qui fut vassalisé puis totalement annexé, donnant naissance au Vietnam moderne.

☛ VOIR AUSSI

1433 : Les expéditions de Zheng He
1571 : La bataille de Lépante
2016 : La CPA contrarie la Chine
2022 : Mise à l'eau du porte-avions *Fujian*

1433

LES EXPÉDITIONS DE ZHENG HE

Entre 1405 et 1433, l'eunuque Zheng He (1371-1433) a dirigé sept expéditions maritimes dans l'océan Indien.

La Chine entretient des rapports ambivalents avec la mer. La « Chine jaune », très majoritaire, est terrienne, isolationniste, tandis que la « Chine bleue », celle du Sud et des côtes, est ouverte aux influences maritimes et au commerce lointain. La seule dynastie issue de la Chine bleue fut celle des Song (960-1276), mais c'est un empereur de la dynastie Ming (1368-1644), Yongle, qui confia à Zheng He la « flotte des Trésors » avec le titre d'amiral, alors que ce dernier, originaire d'une famille musulmane du Yunnan, réduit en esclavage et castré à 7 ans, n'avait jamais mis les pieds sur un bateau !

Les voyages de Zheng He ont alimenté bien des fantasmes, jusqu'à une théorie – écartée par les historiens – menant les Chinois jusqu'en Amérique. Zheng He visita l'Arabie et l'Afrique orientale, autant pour rétablir des liens commerciaux compromis par la voie terrestre que pour réaffirmer l'autorité de l'« Empire du Milieu » sur des territoires considérés comme de lointains vassaux. La flotte devait donc rapporter leurs tributs – dont une girafe –, gages d'une soumission en réalité bien théorique. Zheng He disposant de nombreux soldats, il se mêla aussi parfois de la politique locale des lieux qu'il visitait. De quoi nuancer la présentation pacifique de cet impérialisme oublié pendant des siècles.

Car après la mort de Zheng He, la Chine consacra ses ressources au renforcement de la Grande Muraille – pour éviter le retour des Mongols – plutôt qu'aux expéditions maritimes et au commerce lointain. En 1500, l'empereur interdit même de construire des navires de plus de deux mâts.

1377 : une ambassade du Mojopahit en Chine

Comme la Méditerranée, les mers de Chine furent un foyer de commerce et de civilisation où se constituèrent de nombreuses « thalassocraties ». Les principales étaient situées dans les péninsules et archipels du sud-est asiatique. Java et Sumatra, en particulier, connurent des cités États marchandes poussant leur réseau commercial jusqu'en Chine. Ainsi, Sriwijaya sur Sumatra, ou sur Java Kediri ou Sinagrasi, auquel succède l'État du Mojopahit (ou Majapahit) – qui avait des relations suivies avec la Chine – à la fin du XIIIe siècle, furent des foyers de civilisation rayonnants au Moyen Âge ou à l'époque moderne, et essaimèrent jusqu'au continent (l'empire Cham, au Vietnam, ou Malacca). Leur maîtrise de la construction navale et de la navigation en firent des concurrents ou des alliés des Européens, venus chercher épices (poivre, muscade) et tissus (soieries).

☛ VOIR AUSSI

Vers 100 : *Le Périple de la mer Érythrée*
1498 : Vasco de Gama, conquérant des Indes
2022 : Mise à l'eau du porte-avions *Fujian*

1434

AU-DELÀ DE LA « MER DES TÉNÈBRES »

Le navigateur portugais Gil Eanes est le premier à doubler le cap Bojador (Boujdour) vers le sud... et surtout à en revenir, ouvrant la route du contournement de l'Afrique.

Au XVe siècle, les solutions pour se procurer les marchandises précieuses de l'Orient (épices, bois, or, pierres, tissus de soie, etc.) sont peu nombreuses. La route classique est mixte (terre et mer) et passe par la Méditerranée, le Moyen-Orient ou l'Asie centrale, mais elle est tenue par des réseaux déjà bien installés, où les cités italiennes, en particulier Venise, ont un poids prédominant. Européens et Arabes cherchent donc à contourner l'Afrique, dont ils ignorent l'étendue puisqu'aucune des expéditions qui s'y est essayée n'est revenue. Le monde connu s'arrête toujours aux Canaries (les « îles Fortunées » d'Hérodote). L'imaginaire fertile des marins fait le reste, construisant une barrière psychologique autour du cap Bojador, réputé infranchissable et ouvrant sur la « mer des Ténèbres », peuplée de monstres et agitée de tempêtes.

Et pour cause : les vents dominants, soufflant du nord-est le long des côtes africaines, facilitent la descente vers le sud, mais gênent le retour de navires mal gréés pour remonter au vent. Le voyage réussi par Eanes, renouvelé en 1435, encourage la poursuite des explorations entreprises sous l'impulsion de l'infant Henri, fils et frère de rois du Portugal, expéditions qui ont déjà permis la découverte de Madère (1419) et des Açores (1427). Henri y gagne le surnom du « Navigateur », honorifique puisqu'il n'a presque jamais pris la mer.

Le cap Saint Vincent est situé au sud du Portugal, près de la forteresse de Sagres où s'était installé Henri le Navigateur, gouverneur de l'Algarve.

Avant sa mort en 1460, les chantiers portugais mettent au point la caravelle, mieux adaptée aux trajets hauturiers. Quant à Eanes, la dernière trace qu'on ait de lui est une expédition vers les bancs d'Arguin qui ramena, en 1444, les premiers esclaves africains en Europe.

La volta, trouvaille portugaise

Après l'expérience audacieuse d'Eanes, les Portugais mettent au point les techniques de navigation astronomique qui leur permettront de pousser leurs explorations loin des côtes, notamment grâce au principe de la volta. La petite volta, ou volta de Guinée, consistait à revenir d'Afrique en s'éloignant vers l'ouest pour aller chercher aux Açores des vents orientés à l'est. Vasco de Gama expérimente quant à lui la grande volta, ou *volta do mar*, en descendant plein sud depuis le Cap Vert jusqu'aux latitudes de l'Afrique australe pour franchir plus aisément le cap des Aiguilles, le point le plus au sud de l'Afrique. C'est en répétant cette manœuvre en 1500 que Cabral, parti trop à l'ouest, découvrit le Brésil, qu'il prit alors pour une île.

☛ VOIR AUSSI

Vers 530 : Le *Traité de l'Astrolabe*
1488 : Le cap de Bonne Espérance
1498 : Vasco de Gama, conquérant des Indes

1488

LE CAP DE BONNE ESPÉRANCE

Cinquante ans après le franchissement du cap Bojador, l'explorateur portugais Bartolomeo Dias double pour la première fois le cap des Tempêtes, rebaptisé peu après « cap de Bonne Espérance ».

Août 1487 : le navire de Dias quitte le Portugal et longe la côte africaine ; arrivé en décembre à hauteur de la Namibie, il est emporté vers le sud par une violente tempête. Il réussit à remonter vers le nord-est et retrouve la côte qu'il explore et cartographie sur 800 km à l'est du Cap. Jusqu'à ce que la révolte de son équipage l'oblige à faire demi-tour. Ce n'est que sur le chemin du retour qu'il reconnaît le cap des Aiguilles, le point le plus méridional du continent africain (par 34°50' Sud). À 80 nautiques (150 km) au nord-ouest, il découvre un autre cap qu'il baptise « cap des Tempêtes ».

Un nom éphémère : peu après le retour de l'explorateur au Portugal en 1488, le roi Jean II rebaptise cette pointe rocheuse cap de Bonne Espérance. Et pour cause : grâce à Dias, le passage vers les Indes, celui que les Portugais cherchaient depuis un demi-siècle, vient d'être identifié. Cette route restait toutefois périlleuse : le promontoire est situé à proximité des « Quarantièmes rugissants » (ainsi nommés en raison des vents forts qui y soufflent) ; des courants puissants y convergent (courant de Benguela dans l'Atlantique et courant des Aiguilles dans l'océan Indien), créant souvent des vagues pyramidales, les « rouleaux du Cap » (*Cape rollers*), d'une hauteur exceptionnelle. Les naufrages y sont fréquents, d'autant que les conditions de visibilité sont rarement optimales. Ce n'est pas un hasard si la légende du *Hollandais volant* est rattachée à ces parages. D'où une particularité peu banale : ce cap porte deux phares ; celui construit en 1860, situé à 250 m d'altitude, étant trop souvent masqué par le brouillard, il fallut en bâtir un second, à 87 m seulement, opérationnel depuis 1919 et portant à 34 nautiques (63 km).

C'est d'ailleurs dans ces parages dangereux que Dias, qui avait participé au premier voyage de Vasco de Gama, disparut avec son navire en 1500, lors de l'expédition de Cabral.

La caravelle, navire des grandes découvertes

Synthèse de deux traditions de construction navale, la caravelle est mise au point au milieu du xve siècle par les Portugais. Elle combine les voiles rectangulaires de l'Europe du Nord, efficaces aux allures portantes (quand le vent vient de l'arrière du navire) et les voiles triangulaires méditerranéennes, plus fragiles mais permettant de « remonter au vent » (quand il vient sur l'avant). Munie d'un gouvernail suspendu à l'arrière et dans l'axe du navire (dit « d'étambot »), lui aussi venu d'Europe du Nord (mais utilisé depuis longtemps en Chine), elle possède un faible tirant d'eau (partie immergée de la coque) qui lui permet d'approcher les côtes, voire de remonter les fleuves. Sa coque est enfin plus résistante car, contrairement aux traditions méridionales, les membrures, qui constituent l'ossature, sont assemblées en premier, le bordage (la coque extérieure) étant ajusté dessus, à franc-bord.

☛ VOIR AUSSI

1434 : Au-delà de la « Mer des Ténèbres »
1498 : Vasco de Gama, conquérant des Indes
1616 : Le baptême du Cap Horn
1828 : Les vagues scélérates
1843 : Le *Hollandais volant*

La pointe du cap de Bonne Espérance, au sud-ouest de l'Afrique, est rarement aussi calme. N'oublions pas qu'il fut d'abord le « cap des Tempêtes », ce qui justifie qu'il soit doté de deux phares.

1492

CHRISTOPHE COLOMB (NE) DÉCOUVRE (PAS) L'AMÉRIQUE

Pourquoi l'Amérique entière ne s'appelle-t-elle pas « Colombie » ? Parce que l'amiral de la mer Océane ignorait qu'il avait découvert un nouveau continent !

En 1492, les Portugais viennent d'atteindre la pointe sud de l'Afrique et bloquent toute concurrence sur cette voie – difficile – vers l'Asie. Colomb, né à Gênes vers 1450, propose au roi d'Espagne une route occidentale qu'il croit plus aisée, en se fondant sur l'estimation de la circonférence terrestre et de l'extension de l'Asie vers l'est proposée par le livre *Imago mundi* du cardinal Pierre d'Ailly. Sa navigation est remarquable : il descend jusqu'aux Canaries espagnoles pour éviter les îles portugaises et chercher les alizés, vents tropicaux quasi constants soufflant vers l'ouest dans l'hémisphère Nord. Pourtant, à quelques jours de l'arrivée, une partie des quatre-vingt-dix marins embarqués sur ses trois caravelles (la *Pinta*, la *Nina* et la *Santa Maria*) est au bord de la mutinerie.

Le 12 octobre, après deux mois de voyage dont trente-six jours sans toucher terre, il aborde enfin sur une île qu'il baptise San Salvador, dans l'archipel des Bahamas. Il en appelle les habitants « Indiens », persuadé d'avoir atteint l'Asie. Du coup, lorsque deux semaines plus tard, il explore une grande île allongée, il la désigne par le nom « Cipangu », donné au Japon par Marco Polo. En réalité, il s'agit de Cuba. Aucun de ses quatre voyages ne modifiera sa conviction d'avoir atteint les « Indes ».

Ce fut donc le Florentin Amerigo Vespucci, qui connaissait Colomb et qui fit au moins deux voyages outre-Atlantique, qui suggéra le premier, dans son traité de 1504 *Mundus Novus* (le Nouveau Monde), que les nouvelles terres découvertes n'étaient pas des archipels asiatiques mais bien un nouveau continent. Quand le cartographe Martin Waldseemüller réalisa en 1507 à Saint Dié un planisphère incluant ces découvertes, il les baptisa « America » en l'honneur de cet Amerigo dont il avait publié les écrits et qui l'avait convaincu, plutôt que de leur donner le nom de leur découvreur, disparu l'année précédente.

Giovanni Caboto reconnaît Terre-Neuve

Tandis que les puissances ibériques se disputent les routes des Indes par les tropiques, en se laissant porter par les alizés, les pays du nord de l'Europe affrontent vents et courants contraires pour explorer l'Atlantique Nord, à la suite des Vikings, au XIe siècle, et des pêcheurs basques ou ibériques qui découvrent, au XVe siècle, la richesse des bancs de Terre-Neuve. Le Vénitien Giovanni Caboto travaille pour le roi d'Angleterre (qui le baptise John Cabot) quand il accoste à Terre-Neuve, 5 ans après l'arrivée de Christophe Colomb. En 1524, c'est au tour de Giovanni da Verrazzano, d'origine florentine (mais peut-être né à Lyon), d'explorer les côtes américaines, de la Floride à la Nouvelle-Écosse, pour le compte de François Ier, roi de France, découvrant au passage le site de la future ville de New York, qu'il appelle Nouvelle-Angoulême.

☛ VOIR AUSSI

1433 : Les expéditions de Zheng He
1434 : Au-delà de la « mer des Ténèbres »
1488 : Le cap de Bonne Espérance
1498 : Vasco de Gama, conquérant des Indes

1498

VASCO DE GAMA, CONQUÉRANT DES INDES

Vasco de Gama est aux Portugais ce que Christophe Colomb est aux Espagnols. Eanes et Dias ont ouvert la voie, mais lui fut le premier à atteindre les Indes en contournant l'Afrique.

Sous le règne de Jean II (1481-1495) puis de Manuel Ier (1495-1521), le Portugal est plus que jamais décidé à contourner l'Afrique pour accéder aux richesses des Indes et découvrir le mythique royaume du « prêtre Jean », cette hypothétique puissance chrétienne située en Orient (sans doute un souvenir déformé de l'évangélisation de l'Éthiopie) et allié potentiel des Européens contre les Ottomans. Vasco de Gama part de Lisbonne en juillet 1497 et expérimente la « volta do mar », alignant cent jours de navigation hauturière entre le Cap Vert et Sainte Hélène. Il touche la côte occidentale de l'Inde à Calicut (aujourd'hui Kozhikode) le 21 mai 1498, dix mois après son départ.

Les premiers échanges avec le Zamorin – nom donné par les Portugais aux rois locaux – de Calicut ayant été décevants, Gama repart au bout de trois mois ; après un nouveau voyage de plus de trois cents jours, il est accueilli triomphalement par Manuel, qui le fait « amiral des Indes ». L'expédition suivante vers Calicut, commandée par Pedro Alvares Cabral (1500-1501), doit néanmoins affronter sur place une révolte fomentée par les commerçants arabes dont le monopole est menacé par les Portugais. Après le retour de Cabral, Gama repart avec vingt navires, mais ce deuxième voyage (1502-1503) provoque sa disgrâce car il fait preuve d'une grande brutalité à l'égard des populations locales. Il doit en outre admettre qu'à l'opposé de ses premiers rapports, il n'y avait guère de chrétiens à Calicut ou dans ses environs. Les vice-rois Francisco de Almeida et Alfonso de Albuquerque pousseront les conquêtes portugaises dans tout l'océan Indien, d'Ormuz à Malacca – leurs successeurs atteindront même la Chine (Macao) et le Japon (Nagasaki). Réhabilité sous Jean III, Gama est nommé vice-roi des Indes en 1524, mais il meurt à peine arrivé à Calicut.

Les vestiges de l'empire

À la fin du XVIe siècle, l'empire portugais en Asie était le plus étendu de tous. Mais, pendant que le Portugal était réuni avec l'Espagne (1580-1640), l'ennemie des Hollandais et des Anglais, cet empire fut presque entièrement balayé par l'expansion des Pays-Bas. Chassés des Moluques, de Ceylan, d'Ormuz... les Portugais se maintinrent dans quelques comptoirs, des villes ouvertes au commerce et à la présence étrangère. Certains de ces comptoirs sont restés portugais jusqu'au XXe siècle, comme Macao (en Chine) ou Goa (en Inde). La France, qui occupa une partie de l'Inde au XVIIe siècle et la perdit au profit de l'Angleterre en 1763, maintint aussi une présence dans cinq comptoirs, rattachés à l'Inde tardivement, en 1954 : Pondichéry, Chandernagor, Yanaon, Mahé et Karikal.

☛ **VOIR AUSSI**

1434 : Au-delà de la « Mer des Ténèbres »
1488 : Le cap de Bonne Espérance
1492 : Christophe Colomb (ne) découvre (pas) l'Amérique
1520 : Le détroit de Magellan

1520

LE DÉTROIT DE MAGELLAN

Partie d'Espagne en septembre 1519, l'expédition commandée par Fernand de Magellan met plus d'un an pour atteindre le Pacifique, et trois autres années pour en revenir.

En 1517, Magellan, navigateur portugais, se met au service de l'Espagne qui cherche toujours à atteindre l'Asie par l'Ouest. Il est convaincu qu'il existe un passage vers 40° de latitude Sud. Il le trouvera au-delà de 52°, le 21 octobre 1520, après un hivernage en Patagonie et une mutinerie. Parti avec cinq caraques, des navires de commerce d'un tonnage double des caravelles, Magellan n'en a déjà plus que trois quand il débouche, le 27 novembre, sur la mer ouverte. Par contraste avec les eaux « sinistres » et les falaises oppressantes du passage où ils viennent de passer plus d'un mois, Magellan baptise ce nouvel océan « Pacifique ». À raison : lors des quatre-vingt-dix-neuf jours de traversée jusqu'aux Mariannes, la flottille ne subit aucune tempête. Mais la nourriture et l'eau, elles, se dégradent, faisant neuf morts.

L'expédition perdra 200 hommes (sur 237 marins embarqués au départ), dont Magellan lui-même, tué le 27 avril 1521 par une flèche empoisonnée aux Philippines. Le nouveau chef de l'expédition, Juan Sebastian Elcano, brûle un de ses navires faute d'équipage. En arrivant aux Moluques, il doit encore laisser en arrière la *Trinidad*, endommagée. C'est donc avec la seule *Victoria*, un des plus petits navires de la flotte initiale, et soixante hommes, qu'Elcano repart de Timor le 25 janvier 1522. Navigant sur une route tenue par les Portugais, il ne s'autorise aucune escale avant le Cap Vert, début juillet, où

Magellan attribuait un caractère « sinistre » au détroit qui portera son nom, dominé par les hautes montagnes de la Terre de feu. Ici, les navires sont précédés par les canots qui cherchent les voies praticables et déjouent les dangers (hauts fonds, récifs, courants, etc.), mais ils portent sans doute trop de voiles dans un passage aussi dangereux.

douze de ses hommes sont emprisonnés. Ils ne sont finalement que dix-huit à revenir à Séville le 6 septembre 1522. Les épices rapportées ne procurent qu'un bénéfice de 4 %, conduisant l'Espagne à monnayer son renoncement aux Moluques lors du traité de Saragosse en 1529. Il faudra attendre 1565 et la mise en place du « galion de Manille », le convoi annuel des Philippines vers le Mexique, puis l'Europe, pour que les découvertes de Magellan s'avèrent profitables à l'Espagne.

Les nomades des mers

En arrivant aux Philippines, Magellan croise la route d'un des peuples vivant à distance des côtes, tout autour de la mer de Chine méridionale, entre la Birmanie et les Philippines. Localement appelés *Orang Laut*, les « gens de la mer », ces pêcheurs nomades portent des noms variés : Badjos ou Bajaus dans l'est de l'Indonésie ou aux Philippines, Moken en Thaïlande, Salone ou Chalome en Birmanie, etc. Ils vivent dans des villages sur pilotis qu'ils déplacent régulièrement, ou migrent à bord de leurs *leppa*, des maisons-pirogues avec lesquelles ils suivent les déplacements de poissons. Les Moken, qui ne sont plus que 2 000 en Thaïlande, ont sauvé bon nombre de personnes, dont un couple de touristes français, lors du grand tsunami de 2004, car ils savent « écouter » la mer.

☛ VOIR AUSSI

1433 : Les expéditions de Zheng He
1488 : Le cap de Bonne Espérance
1492 : Christophe Colomb (ne) découvre (pas) l'Amérique
1616 : Le baptême du Cap Horn
1766 : Bougainville, le voyage des faux-semblants
1768 : James Cook, chasseur de mythes

1569

L'*ATLAS* DE MERCATOR

Gérard Mercator n'avait rien du géographe de terrain, de l'explorateur à la Vespucci. Mathématicien, il inventa une méthode de projection pour réaliser son *Atlas à l'usage des navigateurs*.

Gérard De Kremer (1512-1594) naît dans les Pays-Bas espagnols (au nord de la Belgique actuelle), 20 ans après l'arrivée de Christophe Colomb en Amérique. Il fait ses études à l'université de Louvain et, suivant l'usage des humanistes, il traduit son nom en latin et devient Mercator, le marchand. En 1552, il obtient la chaire de cosmographie de l'université de Duisbourg, en Allemagne. Il y restera jusqu'à sa mort et c'est là qu'il établira la méthode de projection qui lui permettra de dessiner les vingt-et-une feuilles de son recueil, le premier à porter le nom d'« atlas ».

Pour réaliser sa mappemonde, Mercator crée une projection cylindrique tangente à l'équateur. C'est une projection conforme, c'est-à-dire qu'elle conserve les angles, donc la forme des terres représentées. Les méridiens, qui indiquent la longitude, y sont équidistants et coupent les parallèles (indiquant les latitudes) à angle droit. Cette approche permet de tracer et de suivre un cap sur de longues traversées maritimes, ce qui explique le titre complet de l'ouvrage. Cela n'empêchera pas les marins d'accueillir fraîchement cette carte introduite par un « terrien ». Inconvénient de ce système de projection : les parallèles s'écartent en s'éloignant de l'équateur et les espaces subpolaires sont surdimensionnés, et il est impossible de calculer une distance, sauf à latitude égale.

Ce défaut n'est ni une erreur, ni un choix idéologique : aucune projection ne peut donner une carte « juste » car la représentation en plan d'un volume sphérique induit nécessairement une déformation. En revanche, c'est bien par conviction que Mercator fait figurer la *Terra australis*, ou Antarctique, incluant la Terre de Feu au sud de l'Amérique, que l'on trouve sur d'autres mappemondes de la même époque, comme celles de Fine ou d'Ortelius (un ami et élève de Mercator). Il faudra plus de deux siècles pour démontrer la fausseté de cette représentation du monde héritée des Grecs.

Les portulans

Un portulan est l'une des premières cartes marines connues en Europe. Le plus ancien a été découvert à Pise, et remonte à 1290 au plus tard. Cartes « à plat », sans projection et construites avec le Nord en haut de la feuille et non plus « orientées », c'est-à-dire avec l'Est (l'Orient) en haut, les portulans attestent l'utilisation désormais courante de la boussole. Leur nom vient de l'italien *portolano*, qui désigne les instructions nautiques. Ces documents comportaient en effet des indications sur les vents, le profil des côtes, des caps prédéfinis, etc. Pour la navigation océanique, ces cartes « à plat » manquaient de précision, ce qui amena les géographes universitaires à chercher d'autres méthodes : Mercator trouvera la solution trois siècles après les premiers portulans.

☛ VOIR AUSSI

1492 : Christophe Colomb (ne) découvre (pas) l'Amérique
1634 : El Hierro, origine des méridiens
1698 : Halley, invente l'expédition scientifique
1766 : Bougainville, le voyage des faux-semblants
1768 : James Cook, chasseur de mythes

L'*Atlas* de Mercator a beau être le plus précis de son époque, il comporte de nombreuses approximations, comme son pôle Nord rocheux cerné de quatre grandes îles montagneuses – il n'y a aucune terre au nord du Groenland (voir cahier couleurs, p. IV).

1571

LA BATAILLE DE LÉPANTE

La défaite de la flotte turque le 7 octobre 1571 est considérée comme un tournant historique, ce qui est rare pour une bataille navale. Pourquoi revêt-elle une telle dimension ?

À Lépante, en Grèce, s'affrontent deux flottes d'un peu plus de deux cents galères chacune : celle de l'Empire ottoman et celle de la « Sainte Ligue » unissant Venise, l'Espagne – plus des trois quarts des navires à elles deux –, la Papauté, l'ordre de Malte et Gênes. Don Juan d'Autriche, jeune demi-frère du roi d'Espagne qui commande l'armada, surprend la flotte turque à la sortie du golfe de Corinthe, l'obligeant à un combat frontal. Les navires turcs, comptant habituellement sur leur mobilité, sont surpassés par l'artillerie des Occidentaux et par l'efficacité des troupes embarquées, armées d'arquebuses, qui s'avèrent décisives lors des abordages. La flotte coalisée aligne en effet deux fois et demie plus de canons que son adversaire, et compte notamment six galéasses, de grosses galères puissamment armées.

La victoire de don Juan est totale : il ne perd que dix-sept navires, son adversaire dix fois plus. Mais dès l'année suivante, une flotte turque égale à celle de Lépante s'aligne à nouveau en Méditerranée. Venise doit renoncer à Chypre, dont la prise par les Turcs en 1570 avait provoqué la coalition victorieuse à Lépante. Pourtant, cette bataille est saluée comme une grande victoire en Europe car, à part l'échec devant Malte en 1565, il s'agissait de la première défaite des Turcs depuis la prise de Constantinople en 1453. Et elle résultait d'une coalition « européenne », des puissances souvent rivales ayant

Cette huile sur toile d'école flamande, contemporaine de l'événement, montre bien la confusion et l'entassement des quelque 400 navires qui s'affrontent dans un espace resserré, lors de la bataille de Lépante (voir cahier couleurs, p. V).

dépassé leurs antagonismes pour faire face à la menace d'une hégémonie turque en Méditerranée – à l'exception notable de la France, alliée des Turcs contre l'Autriche.

Enfin, Lépante annonce une nouvelle ère de la guerre navale, décidée désormais par d'imposants vaisseaux de haut bord, équipés d'une puissante artillerie. Deux domaines où l'Empire ottoman s'est laissé distancer.

Le sort tragique de l'« Invincible Armada »

Opposée aux Ottomans en Méditerranée, l'Espagne affronte aussi des puissances montantes dans l'Atlantique : les Provinces Unies (actuels Pays-Bas), possessions espagnoles dissidentes, et l'Angleterre, leur alliée. Pour châtier les deux puissances protestantes, le roi Philippe II réunit une grande flotte (*armada* en espagnol) de cent trente navires, qui gagne la Manche en août 1588. Le premier combat contre les Anglais, le 8 août, est peu concluant. Les forts vents de sud contraignent ensuite les Espagnols à fuir vers le nord. C'est en contournant les îles Britanniques qu'ils perdent une vingtaine de navires. L'échec n'avait rien d'irréparable, mais les Anglais en firent une défaite majeure : le Trésorier William Cecil inventera même l'expression ironique d'« Invincible Armada » pour renforcer le contraste entre les buts affichés et les effets réels de l'expédition.

☛ VOIR AUSSI

1714 : Le Parlement britannique vote le Longitude Act
1944 : Le rôle des mers dans les guerres mondiales

1609

GROTIUS ET LA LIBERTÉ DES MERS

Les grandes découvertes maritimes ont provoqué une intense réflexion juridique sur les océans et leurs ressources. Le Hollandais Grotius défend la liberté de commerce, et donc de navigation.

Hugo de Groot, dit Grotius (1583-1645), fut un humaniste et diplomate hollandais qui servit les Provinces Unies, mais aussi la Suède. Il vécut en France pendant plus de vingt ans, sous le cardinal de Richelieu. Il est l'un des pères de la théorie du droit naturel, cette idée que certaines normes reflètent des principes ancrés dans la conscience humaine et, comme tels, s'imposent de façon universelle, à l'inverse de la conception purement contractuelle du droit. Avec son *Droit de la guerre et de la paix*, il est aussi l'un des inventeurs du droit international, alors appelé « droit des gens ».

Au début du XVIIe siècle, les Pays-Bas, en lutte contre l'Espagne pour leur indépendance, se lancent dans l'exploration maritime et l'exploitation de nouvelles colonies : en 1602, la VOC (voir encadré) est créée ; Grotius en sera d'ailleurs l'un des conseillers. Dans *Mare liberum*, sa « dissertation » sur la liberté des mers – une brochure d'une soixantaine de pages –, Grotius démontre que le monopole revendiqué par le Portugal sur les échanges maritimes avec « l'Inde », terme générique pour désigner les colonies tant orientales qu'occidentales, est infondé : selon lui, « en vertu du droit des gens, le commerce est libre entre tous ».

Grotius élargit ainsi à l'ensemble des mers la catégorie de *res nullius* que le droit romain accordait aux poissons : n'appartenant à personne, la mer peut être utilisée par tous, ou plus exactement par le plus rapide ou le plus présent sur les eaux. Sa thèse fut toutefois contestée dès 1635 par l'Anglais John Selden qui publia *Mare clausum*, revendiquant l'application de la propriété privée aux océans et réclamant la souveraineté des mers pour son pays. Le débat resurgit après la Seconde Guerre mondiale entre les États littoraux et les grandes puissances navales.

La VOC

La VOC hollandaise (pour *Vereenigde Oost-Indische Compagnie*, Compagnie unifiée des Indes orientales) fut de loin la plus puissante des compagnies commerçantes sur qui reposaient le commerce et l'exploration des « Indes » : dès sa création en 1602, son capital s'élevait à soixante tonnes d'or, soit dix fois plus que sa rivale anglaise. Les Provinces Unies lui reconnurent la capacité diplomatique, lui permettant de signer des traités, mais aussi de faire la guerre avec ses propres troupes. Dans les années 1640, elle arme 150 navires marchands, 40 de guerre (quand la France en aligne une soixantaine), et entretient une armée de près de 10 000 hommes. Elle est dirigée par un conseil d'administration élu par les actionnaires, tous néerlandais, mais ses productions proviennent surtout d'Indonésie (Moluques, Java, etc.).

☛ **VOIR AUSSI**

1616 : Le baptême du Cap Horn
1982 : La Convention de Montego Bay
2023 : Signature de la BBNJ

1616

LE BAPTÊME DU CAP HORN

Parmi les lieux mythiques de la planète maritime, le cap Horn est sans doute celui dont tous, y compris sans avoir jamais mis les pieds sur un bateau, connaissent la réputation maléfique.

Aucun marin ne prononce son nom à la légère, même s'il n'a jamais doublé cette extrémité de l'Amérique, avancée la plus méridionale de tous les continents, située à près de 56° de latitude Sud. Ce cap est un mythe, presque une personne (« le Horn » ou « le Cap »). Son nom lui fut donné par l'expédition hollandaise de Willem Schouten et Jacob Le Maire, financée par des marchands de la ville de Hoorn, qui cherchaient un accès vers les Indes permettant de contourner le monopole de la toute-puissante VOC sur la route orientale.

La difficulté de franchissement du Horn – la pointe extrême des îles Hermite – vient de la puissance du courant circumpolaire dans le passage de Drake, couloir de quelque 800 km entre Amérique et Antarctique, mais aussi des vents qui se déchaînent sans obstacle au cœur des « Cinquantièmes hurlants » : leur vitesse moyenne est de 15 nœuds – un voilier ancien dépasse difficilement les 10 nœuds – avec des rafales jusqu'à dix fois plus fortes, donc proches de l'ouragan. Ce vent soulève une houle profonde à l'origine de vagues énormes à l'approche des hauts-fonds entourant l'archipel, et de vagues scélérates plus fréquentes qu'ailleurs. Les vents dominants étant d'ouest, tout comme les courants, c'est dans le sens Atlantique-Pacifique que le franchissement est le plus difficile. Certains navires ont pu attendre des semaines des conditions favorables, dans une mer plus ou moins déchaînée – et ont parfois renoncé, comme la *Bounty* en 1789. Le brouillard et les icebergs en hiver – correspondant à l'été dans le Nord – ajoutent encore aux risques, dans une zone où les aides à la navigation ont longtemps été inexistantes – le premier phare n'a été bâti qu'en 1962.

C'est aujourd'hui moins vrai : la visite du Horn, de son phare (le second, construit en 1991) et de son mémorial aux 800 navires et 10 000 marins disparus est même devenue un « must » pour les touristes en Patagonie. En revanche, le « cap-hornier », qu'il soit navire ou marin, s'est raréfié depuis l'ouverture du canal de Panama en 1914.

Abel Tasman, explorateur pour la VOC

Le rôle des Hollandais dans l'exploration océanique est méconnu en France. Avant Le Maire et Schouten, Olivier van Noort effectua la troisième circumnavigation complète entre 1598 et 1601 : parti avec 4 vaisseaux et 250 hommes, il rentra avec un seul navire et 45 compagnons. De son côté, Abel Tasman (1603-1659), employé par la VOC, partit en 1642 de Batavia (aujourd'hui Djakarta), traversa l'océan Indien dans les deux sens, et découvrit au sud de l'Australie un archipel, que les Anglais baptiseront plus tard Tasmanie. Il longea ensuite la Nouvelle-Zélande par l'ouest et fut le premier à reconnaître les Tonga et les Fidji. Le voyage n'ayant pas été très profitable, Tasman repartit en 1644 et explora l'archipel indonésien, la côte ouest de la Nouvelle-Guinée et toutes les côtes nord de l'Australie.

☛ VOIR AUSSI

1520 : Le détroit de Magellan
1609 : Grotius et la liberté des mers
1768 : James Cook, chasseur de mythes
1828 : Les vagues scélérates

1634

EL HIERRO, ORIGINE DES MÉRIDIENS

Au XVIIe siècle, Louis XIII réunit une commission pour fixer un méridien-origine universel. Les savants retiennent alors les Canaries, et spécifiquement El Hierro, la plus occidentale des sept îles.

Bien que proches de l'Afrique – une cinquantaine de milles, soit 90 km pour Fuerteventura –, les Canaries étaient alors considérées comme le territoire le plus à l'ouest de l'Europe. Pour les Phéniciens et les Grecs, l'archipel, censé abriter des lieux mythologiques comme les Champs Élysées ou le jardin des Hespérides, était l'extrémité du monde connu. Les navigateurs ibériques des XVe et XVIe siècles en firent l'étape ultime avant la traversée de l'Atlantique.

Aujourd'hui, les Canaries sont intégrées dans la Macaronésie (dérivée de l'expression grecque « îles des Bienheureux ») avec les Açores, Madère et les îles du Cap Vert. Îles de l'éternel printemps, les Canaries connaissent des températures toujours comprises entre 16 et 26 °C, et bénéficient de 2 800 heures d'ensoleillement annuel. Il y a cependant de forts contrastes en raison de leur extension géographique (500 km d'est en ouest), du régime des vents et du gradient d'altitude : l'île de Tenerife, qui culmine à plus de 3 700 mètres, connaît ainsi un écart de 18 °C entre les plages et le sommet du Teide, plus haute montagne d'Espagne, où il gèle et neige !

Sous ces abords accueillants pour les touristes, les Canaries sont des îles volcaniques nées de « points chauds » (voir l'encadré) toujours actifs. L'activité volcanique est restée sous-marine jusqu'à il y a 20 millions d'années. Sept îles ont alors émergé, les unes après les autres, en chapelet, à mesure que la plaque tectonique atlantique glissait vers l'est. Les îles d'El Hierro (« l'île de Fer ») et de La Palma, nées il y a moins de 2 millions d'années, sont les plus récentes. Ancré sur le fond de l'océan, le Teide a donc une élévation globale de plus de 7 500 mètres, et les Canaries offrent toute la gamme des paysages volcaniques, y compris de pittoresques plages de sable noir.

El Hierro resta méridien-origine jusqu'en 1792, où il fut remplacé par celui de Paris, lui-même supplanté par Greenwich en 1884.

Les « points chauds »

Dans le manteau terrestre, l'existence de zones profondes plus chaudes se traduit par la formation périodique de magma visqueux à 100 km de profondeur. Les panaches de magma montent vers la surface et percent la croûte terrestre lors d'épisodes volcaniques successifs. Les points chauds profonds sont stables, alors que la croûte sus-jacente se déplace, du fait de la tectonique des plaques. Les volcans engendrés par un point chaud s'alignent donc en fonction de ce déplacement, un peu comme si un chalumeau à activité périodique perçait des trous dans une plaque de métal en mouvement. C'est ainsi qu'on explique l'alignement des îles dans plusieurs archipels volcaniques comme ceux d'Hawaï ou des Canaries.

VOIR AUSSI

1569 : L'*Atlas* de Mercator
1698 : Halley invente l'expédition scientifique
1991 : La Ceinture de feu du Pacifique

L'activité volcanique est constante aux Canaries, y compris sous la mer.

1666

PILLAGE DE MARACAÏBO

La piraterie est sans doute aussi ancienne que la navigation, mais c'est entre le XVIe et le XVIIIe siècle qu'elle connaît une forme d'apogée, en particulier dans les Caraïbes.

Plusieurs facteurs contribuent à cette apothéose : tout d'abord, de fabuleuses richesses transitent par l'Amérique espagnole, qu'elles y soient produites ou arrivent des Philippines dans le galion de Manille – convoi annuel ou semestriel apportant les produits des Philippines en Amérique, d'où il repart vers l'Europe. Ensuite, l'état de guerre presque permanent entre les puissances européennes – Espagne, France, Angleterre, Provinces unies (actuels Pays-Bas) – autorise la guerre de course (guerre au commerce d'un pays ennemi par des navires privés), qui pousse nombre d'aventuriers à basculer dans la piraterie pure et simple. Enfin, avec le contrôle incertain des autorités européennes sur les nombreux archipels de la mer des Caraïbes, la petite île de la Tortue par exemple, à deux pas d'Hispaniola (Saint Domingue), devient un repère de boucaniers, ces chasseurs qui fument leurs proies sur des grils appelés « boucans » et qui se lancent régulièrement à la poursuite de navires sur de modestes embarcations – et non sur de puissants vaisseaux tels le *Black Pearl* de la saga *Pirates des Caraïbes* !

Loin de l'image romanesque d'une démocratie libertaire, les communautés de pirates étaient régies avant tout par la loi du plus fort, voire du plus cruel, comme les bandes délinquantes de toutes les époques. Certains chefs fédéraient occasionnellement plusieurs centaines d'individus, avides de pillage. En 1666, Jean-David Nau, né dans les années 1630 en Vendée

– ce qui lui valait son nom de pirate François L'Olonnais (ou L'Olonnois, selon l'ancienne orthographe) –, et son acolyte Michel Etchegorria, dit Michel Le Basque, réunirent quelque 600 à 700 flibustiers – autre nom des pirates, venu du néerlandais – pour mener un raid contre la ville de Maracaïbo, au Venezuela, qui comptait alors 4 000 habitants. Ils prirent le fort défendant la ville puis ravagèrent la contrée environnante et la ville elle-même en restant plusieurs jours dans les parages. Le butin, considérable, aurait été dilapidé en quelques semaines, une fois les pirates revenus sur l'île de la Tortue – les trésors des pirates sont aussi une légende, car peu firent fortune, à l'exception peut-être d'Henry Morgan (1635-1688), l'un des rares qui mourut dans son lit en étant devenu un respectable gouverneur de la Jamaïque.

La piraterie aujourd'hui

Alors que le XXe siècle croyait s'en être débarrassé, la piraterie resurgit à partir des années 1980 dans un contexte d'intensification des échanges maritimes liée à la mondialisation. Ce sont d'abord les détroits indonésiens, dont celui de Malacca, l'un des plus fréquentés au monde, qui furent touchés, puis l'effondrement de l'État somalien suite à la guerre civile, fit de la « corne de l'Afrique » l'un des lieux les plus dangereux au monde au début des années 2010 – un navire y était détourné chaque semaine en moyenne, pour obtenir une rançon. Une réaction internationale de grande ampleur, mobilisant des navires européens et américains, mais aussi chinois, coréens, japonais, etc. a permis d'éradiquer cette menace, et si le brigandage maritime, commis dans les mers territoriales, est toujours actif en Asie du Sud-Est et dans le golfe de Guinée, voire aux Caraïbes, il y a eu moins d'un signalement par jour en 2022.

☛ **VOIR AUSSI**

1968 : La maritimisation de l'économie

1672

LA COMPAGNIE ROYALE D'AFRIQUE

La déportation d'esclaves africains vers le Nouveau Monde commence dès les années 1440, mais c'est entre les années 1670 et la fin du XIXe siècle qu'a lieu l'essentiel de la traite atlantique.

Dès le début de l'exploration océanique, les Portugais entrent en contact avec les royaumes africains pratiquant l'esclavage et alimentant les traites arabes vers l'Afrique du Nord (traite saharienne) ou vers le Moyen Orient et l'Afrique de l'Est (traite orientale). Ils amorcent la traite atlantique vers l'Europe ou les archipels de l'Est-Atlantique en 1441. Les premiers esclaves africains arrivent aux Antilles en 1510 à Hispaniola, la future Saint-Domingue. Face à l'hécatombe des populations amérindiennes en raison des épidémies apportées par les Européens et l'interdiction de leur réduction en esclavage après leur conversion au catholicisme, l'Espagne, qui ne peut intervenir directement en Afrique selon le traité de Tordesillas, crée en 1519 un contrat exclusif pour alimenter ses colonies américaines en esclaves : l'*asiento*.

Les concessionnaires sont successivement portugais, hollandais, français (de 1701 à 1713) puis anglais jusqu'en 1759. Dès les années 1670, des compagnies anglaises et françaises (l'*African Company*, créée en 1672, et la *Compagnie du Sénégal*, créée l'année suivante) contestent le monopole alors détenu par les Pays-Bas et se portent également acquéreuses d'esclaves, faisant monter les prix ; c'est le véritable début

Vestige d'une ancienne prison aux esclaves en Guadeloupe (Antilles françaises). Le temps efface les ruines, l'homme garde la mémoire (monument historique depuis 1991).

du commerce « triangulaire » : d'Europe en Afrique, puis en Amérique, avant de revenir en Europe, une rotation complète prenant de quinze à dix-huit mois.

Environ onze millions d'Africains furent déportés jusqu'au XIXe siècle. Car après l'interdiction de la traite en 1815, la contrebande continua. Et ce, malgré les patrouilles du *British African Squadron*, une flotte anglaise basée à Freetown de 1808 à 1863 pour faire respecter cette interdiction qui préparait l'abolition de l'esclavage, totale dès 1838 au Royaume-Uni, dix ans plus tard en France, et après 1860 dans les États américains indépendants.

L'enfer des navires « négriers »

Les navires assurant le commerce triangulaire étaient polyvalents, avec un aménagement modifié à chaque segment de route : d'abord, le transport de marchandises recherchées en Afrique (verroterie – le verre est encore cher en Europe et inconnu en Afrique –, lingots de fer, armes de chasse, etc.), ensuite l'aménagement sans cloisons pour loger 300 à 500 esclaves, puis le transport de sucre et de bois vers l'Europe. Le confinement et l'entassement dans l'entrepont sous un climat tropical rendaient la vie à bord très pénible, mais la mortalité des esclaves n'était pas très supérieure à celle des équipages durant ces traversées de 2 à 3 mois sans toucher terre, sauf en cas d'épidémie. Les capitaines redoutaient ces dernières bien plus que les révoltes, peu nombreuses durant les voyages en mer.

☛ VOIR AUSSI

1492 : Christophe Colomb (ne) découvre (pas) l'Amérique
1520 : Le détroit de Magellan
1609 : Grotius et la liberté des mers
1968 : La maritimisation de l'économie

1698

HALLEY INVENTE L'EXPÉDITION SCIENTIFIQUE

Surtout connu pour ses observations astronomiques et la comète qui porte son nom, le Britannique Edmund Halley (1656-1742) est aussi un explorateur maritime ayant amélioré les outils de navigation.

Edmund Halley n'a que 21 ans lorsqu'il passe dix-huit mois sur l'île de Sainte Hélène, dans l'Atlantique Sud, pour y dresser un « catalogue » des étoiles australes, publié en 1679. En novembre 1698, il reçoit la direction d'une expédition qui parcourt l'océan Atlantique, de la Manche à la Géorgie du Sud, trois quarts de siècle avant Cook. Il fait alors de nombreuses observations sur les alizés et les courants marins, dresse la première carte météorologique de l'histoire ainsi qu'une carte détaillée de la déclinaison magnétique. Il complète ainsi les observations faites à Sainte Hélène sur l'influence de la latitude sur le tempo mécanique des horloges, qui se dérèglent toujours au cours des trajets maritimes. En 1690, il met aussi au point une cloche à plongeurs, permettant de rester jusqu'à quatre heures sous l'eau. De fait, il est l'un des pères de l'océanographie moderne.

Le voyage de Halley marque aussi un tournant dans l'histoire des expéditions maritimes. Jusque-là en effet, les explorations ibériques ou hollandaises relevaient du secret d'État et de la rivalité géopolitique ou commerciale. Halley est avant tout un scientifique renommé, soutenu par la *Royal Society*, la première société savante d'Europe, créée en 1660. Avec lui commence une ère où le prestige – de l'homme comme de l'État – provient de la contribution aux progrès de la connaissance. Non seulement le secret n'a plus d'intérêt, mais il devient contre-productif. L'Europe entre alors dans le siècle des Lumières, et les explorations maritimes alimentent une « géographie des philosophes » et des sociétés savantes, où les découvertes sont l'occasion d'approfondir les connaissances en sciences naturelles, mais aussi la réflexion sur la société et « la » civilisation. Comme l'écrira l'historien Jean Meyer : « L'idée même d'un programme scientifique précis centré sur l'exploration devenait l'axe de la pensée européenne. »

Robinson Crusoé : réalité ou fiction ?

En 1719, le Britannique Daniel Defoe publie l'histoire d'un naufragé qui aurait survécu vingt-huit ans sur une île presque déserte. Cette fiction s'inspire de l'histoire bien réelle d'Alexander Selkirk, corsaire écossais qui, suite à un différend avec son capitaine, vécut quatre ans et demi sur l'île Mas-a-Tierra, à 360 nautiques (660 km) de Valparaiso au Chili. Publiée en 1713, son histoire inspira à Defoe un ambitieux conte philosophique qui illustre les questionnements du siècle des Lumières. Robinson s'interdit par exemple de massacrer des anthropophages mais aide un de leurs prisonniers à s'évader : le fidèle Vendredi. À son retour, il reprend une vie normale, contrairement à Selkirk qui ne se réaccoutuma pas à la société, reprit la mer et périt devant les côtes d'Afrique en 1721, à 45 ans.

☛ VOIR AUSSI

1766 :Bougainville, le voyage des faux-semblants
1768 : James Cook, chasseur de mythes
1793 : « A-t-on des nouvelles de M. de La Pérouse ? »

1714

LE PARLEMENT BRITANNIQUE VOTE LE LONGITUDE ACT

Le Longitude Act, une loi votée par le Parlement britannique en 1714, offrait jusqu'à 20 000 livres – une véritable fortune – à qui trouverait un moyen d'évaluer précisément la longitude à bord des navires en mer. Il faudra près d'un demi-siècle pour y parvenir.

Si les Européens maîtrisent à peu près le calcul de la latitude dès la fin du XVe siècle, l'évaluation des distances est-ouest continue de poser problème. La solution la plus simple en théorie – comparer le zénith solaire avec l'heure du point de départ pour en déduire le décalage horaire, donc l'intervalle de longitude – était impraticable du fait du manque de fiabilité des horloges au cours des longues traversées, souvent agitées. Navigateurs et astronomes préconisaient donc d'autres méthodes, comme celle des distances lunaires, en usage en Chine ou en Égypte bien avant l'Europe : grâce à sa proximité, le déplacement de la Lune par rapport aux étoiles est aisément mesurable (il est d'environ 12° par jour, soit 30' par heure). En disposant de tables éphémérides des coordonnées astronomiques pour les principaux astres en un méridien d'origine, le calcul du décalage horaire était accessible. Joshua Slocum, au XIXe siècle, ou Bernard Moitessier, au XXe siècle, utilisèrent encore la méthode.

La seconde méthode n'étant pas garantie, le Parlement essaya d'obtenir des avancées sur la première : il fallait disposer de montres beaucoup plus fiables. Plusieurs horlogers s'y essayèrent dans la première moitié du siècle, et c'est John Harrison, un ébéniste, qui réussira finalement, après 20 ans d'efforts, grâce à l'introduction d'innovations dans le mécanisme de ses horloges de grande précision : son quatrième prototype (H4), mis au point en 1759, réussit en 1761 l'épreuve de la traversée transatlantique, avec une erreur à l'arrivée limitée à un mille marin. Harrison eut pourtant beaucoup de mal à faire reconnaître la valeur de son invention, et n'obtint jamais la totalité du prix annoncé. L'astronome royal britannique Nevil Maskelyne recommanda de conserver la méthode des distances lunaires et de ne pas équiper les navires du chronomètre Harrison. Mais James Cook lui-même embarqua une réplique du H4 lors de ses deux derniers voyages, et les chronomètres de marine finirent par devenir un outil de navigation aussi décisif que le sextant, mis au point à la même période.

Gibraltar devient anglais

Par une coïncidence chronologique qui n'est pas totalement fortuite, le Longitude Act est voté un an après les traités d'Utrecht, mettant fin à la guerre de Succession d'Espagne. L'Angleterre y obtient, notamment, la cession par l'Espagne de Gibraltar et de Minorque. En signant la paix avec Louis XIV, le pays met fin aux ambitions de l'Autriche de reconstituer l'Empire de Charles Quint et accepte l'installation d'un Bourbon sur le trône d'Espagne, confirmant ainsi sa stratégie de puissance d'équilibre par rapport au continent et la dimension mondiale, donc nécessairement maritime, de son déploiement. Le Royaume-Uni restituera l'île de Minorque à l'Espagne à la faveur de la paix d'Amiens (1802), mais est toujours présent à Gibraltar, le verrou de la Méditerranée, malgré des contestations grandissantes en Espagne.

☛ VOIR AUSSI

Vers 530 : Le *Traité de l'astrolabe*
1634 : El Hierro, origine des méridiens
1766-69 : Bougainville, le voyage des faux-semblants
1929 : Le mille marin
1969 : Le vagabond des mers du sud

1766-69

BOUGAINVILLE, LE VOYAGE DES FAUX-SEMBLANTS

Le 5 décembre 1766, la frégate *La Boudeuse* appareille de Brest sous les ordres de Louis-Antoine de Bougainville. Son voyage autour du monde et son récit, publié en 1771, marqueront les esprits.

Ayant surtout servi dans l'armée au Canada, Bougainville n'était pas vraiment un marin, mais il avait des connaissances poussées en mathématiques. Initialement, il devait constituer aux Malouines une base pour se mêler à la course vers le mythique « continent austral », où l'Anglais John Byron venait d'échouer (1764-1766). Ses plans changent en 1767 quand la France restitue l'archipel à l'Espagne. Bougainville transporte alors les premiers colons sur le continent américain et reçoit l'ordre de revenir par « la Chine ». Il est assisté d'un navire plus léger, *L'Étoile*, à bord duquel se trouvent un naturaliste (Philibert Commerson), un cartographe (Charles Routier de Romainville) et un astronome (Pierre-Antoine Véron). La maîtresse de Commerson, Jeanne Baret, embarque illégalement, déguisée en homme. Reconnue à Tahiti, elle restera avec son amant sur l'île Maurice et ne rentrera en France qu'en 1775, rapportant au roi les collections botaniques réunies durant l'expédition.

Il faut apprécier toute la difficulté de ces voyages. Les techniques de navigation n'ont guère évolué depuis trois siècles – Véron doit valider la méthode des distances lunaires pour l'estimation de la longitude. L'approche de côtes inconnues est périlleuse et longue, car il faut sonder les fonds voire remorquer le bateau avec ses canots, pour plus de sûreté. Les longues traversées fatiguent les navires, qui emportent peu de pièces de rechange et doivent être rafistolés avec des matériaux rarement adaptés. Les cordages s'usent et cassent, alors qu'ils sont l'armature même des bateaux. Enfin, dans ces voyages à la durée incertaine, l'alimentation et l'approvisionnement en eau restent un problème.

Le voyage de Bougainville, première circumnavigation sous commandement et pavillon français, doit sa renommée à la découverte au Brésil du bougainvillier et au débat philosophique que suscitera son récit.

Le mythe du « bon sauvage »

Bougainville se targuait d'être un homme de science – diplomate à Londres, il était devenu en 1756 membre de la prestigieuse *Royal Society*. Son récit, décrivant notamment les mœurs tahitiennes qu'il était le premier Français à observer, remit en question la morale européenne et encouragea l'idée que des sociétés humaines plus proches des « lois naturelles » ignoraient le mal et la perversité, attribués à la propriété et au contrôle sexuel. Certains philosophes, comme Diderot (*Supplément au voyage de Bougainville*) ou Rousseau, voulurent y voir la confirmation du mythe du « bon sauvage », et de la relativité des normes sociales. Pourtant, Bougainville avait aussi rapporté des signes de violence et de duplicité des « indigènes » (étymologiquement : natifs des Indes).

☛ VOIR AUSSI

Vers 100 : *Le Périple de la mer Érythrée*
Vers 530 : Le *Traité de l'Astrolabe*
1768 : James Cook, chasseur de mythes
1990 : Les femmes et la mer

1768

JAMES COOK, CHASSEUR DE MYTHES

Quand James Cook appareille en 1768 avec l'*Endeavour* à la demande de la Royal Society, c'est officiellement pour observer le transit de Vénus, prévu le 3 juin 1769. Une mission qui en cache une autre !

Cook (1728-1779), d'origine modeste et terrienne, n'a découvert la mer qu'à 17 ans. Devenu officier dans la marine marchande, il passe dans la *Royal Navy* où il sert durant la guerre de Sept Ans. Après avoir installé son observatoire à Tahiti, il découvre que l'illustre société savante lui réserve une seconde mission : trouver la *Terra Australis* (voir l'encadré). Bien que peu convaincu de son existence, Cook poursuit son exploration jusqu'en 1671, prouvant que la Nouvelle-Zélande se compose de deux îles principales séparées par un détroit (qui porte désormais son nom), mais qu'elle n'est pas le continent recherché.

Il ne le trouve pas davantage à son deuxième voyage sur la *Resolution* (1772-1775), où il découvre les îles Sandwich du Sud – baptisées en l'honneur de John Montagu, premier Lord de l'Amirauté et comte de Sandwich –, franchit le cercle polaire et dépasse la latitude de 71°. Il frôle alors sans doute l'Antarctique mais ne l'aperçoit pas, à cause du brouillard. Sa troisième expédition, commencée en 1776, poursuit un autre mythe : le « passage du Nord-Ouest », reliant Atlantique et Pacifique au nord de l'Amérique. Là encore, il doit renoncer devant les glaces bloquant le détroit de Béring, même en août. Visitant ensuite les îles Hawaï, dont il connaissait l'existence par des cartes espagnoles, il est tué par les indigènes le 14 février 1779 lors d'une altercation confuse. Le lieu de sa mort, marqué d'un obélisque, a été déclaré territoire britannique.

Malgré ces échecs, l'œuvre de Cook est immense : outre une importante cartographie, il valida des moyens de prévenir le scorbut à bord et expérimenta les nouveaux instruments de mesure de la longitude. Il ouvrit enfin la voie vers le grand Sud, réalisant son ambition : aller « non seulement plus loin qu'aucun homme n'est allé avant moi, mais aussi loin que je crois possible à un homme d'aller ».

Le mythe de la *Terra australis*

C'est dans l'Antiquité que naît l'idée qu'une masse continentale est nécessaire au sud de la planète pour équilibrer les terres situées au nord. Aristote lui donna son nom, repris ensuite par Ptolémée qui inspira à son tour les géographes de la Renaissance. Ce continent figure sur de nombreuses cartes des XVIe et XVIIe siècles, qui le font remonter jusqu'aux latitudes tempérées. La découverte de l'Australie, puis de la Nouvelle-Zélande, semblèrent confirmer son existence, avant que Cook ne prouve que s'il y avait des terres au sud, elles n'étaient pas aussi étendues que les géographes l'imaginaient. Le continent Antarctique – qui signifie « opposé de l'Arctique » – ne sera abordé qu'en 1819.

☛ VOIR AUSSI

1433 : Les expéditions de Zheng He
1520 : Le détroit de Magellan
1616 : Le baptême du cap Horn
1698 : Halley invente l'expédition scientifique
1714 : Le Parlement britannique vote le Longitude Act
1766 : Bougainville, le voyage des faux-semblants
1793 : « A-t-on des nouvelles de M. de La Pérouse ? »

1775

LE SCAPHANDRE

En 1775, Jean-Baptiste de La Chapelle, abbé mais surtout mathématicien et inventeur, imagine un mot qui finira par désigner tout autre chose que l'invention de son créateur.

Comme le rêve de voler, celui de séjourner sous l'eau est aussi vieux que l'espèce humaine. Selon Aristote, Alexandre le Grand aurait expérimenté une cloche à plongeur, mais la première connue avec certitude est celle de Halley, en 1690, qui permettait d'atteindre 18 mètres de profondeur. En 1715, l'Anglais John Lethbirdge met au point un caisson cylindrique avec un hublot et des manchons étanches pour les bras, destiné à récupérer les trésors des épaves. L'« armure » de Lethbridge préfigure cependant davantage les soucoupes et autres bathyscaphes que les scaphandres.

La Chapelle (v. 1710-v. 1792), lui, invente un costume en liège pour permettre aux soldats de traverser n'importe quel cours d'eau en flottant ; il crée donc à partir de racines grecques un mot signifiant, selon lui, « bateau de l'homme », mais qu'on peut aussi traduire par « homme-barque ». Si le projet tombe dans l'oubli, le mot est attribué à une combinaison mise au point au même moment par un certain Fréminet, comprenant un costume de cuir et un casque en cuivre muni de deux tuyaux reliés à une réserve d'air, que l'inventeur placera finalement sur le dos de son plongeur. Il ajoute aussi des poids portés aux pieds pour permettre la station debout et la marche. Ainsi naît le scaphandre à casque, qui sera finalement relié à la surface pour l'apport en air. Au XIXe siècle, l'Allemand Siebe et le Français Cabirol le perfectionnent et, en 1864, deux ingénieurs français,

Rouquayrol (natif d'Espalion, où se trouve le musée du scaphandre) et Denayrouse, mettent au point le premier détendeur utilisable en plongée, ouvrant la voie au scaphandre autonome. Il faudra cependant attendre 1945 pour que le détendeur de Cousteau et Gagnan rende possible l'utilisation de bouteilles d'air fortement comprimé, permettant des plongées de quelques dizaines de minutes à plusieurs dizaines de mètres de profondeur.

Les plongeuses Ama

Le mot japonais *ama* se traduit par « femmes de la mer ». Ce sont des apnéistes plongeant à faible distance des côtes pour rapporter algues et coquillages, en particulier des ormeaux (ou abalone). La première mention des Ama remonte à un recueil de poésies du VIIIe siècle, le Man Yôshû, mais leur activité a commencé bien avant. Alors qu'elles étaient plusieurs dizaines de milliers il y a un demi-siècle, il n'en reste que 2 000 aujourd'hui, et leur moyenne d'âge est très avancée : plus de 60 ans ; et certaines plongent encore à 80 ans passés ! Une tradition identique, quoique plus récente, existe aussi en Corée, dans les îles Jeju : les *haenyo* (même sens qu'*ama*) sont inscrites au patrimoine immatériel de l'humanité depuis décembre 2016.

☛ VOIR AUSSI

1698 : Halley invente l'expédition scientifique
1956 : *Le Monde du silence*
1960 : Plongée dans les abysses

Une version récente – en 2006, dans la mer Méditerranée – des scaphandres « pieds lourds » pour les travaux à grande profondeur, ici pour secourir des sous-marins, ce qui peut nécessiter d'atteindre des profondeurs de 300 mètres, voire plus.

1793

« A-T-ON DES NOUVELLES DE M. DE LA PÉROUSE ? »

Une tradition veut que cette phrase ait été prononcée par Louis XVI au matin de son exécution. Le sort de l'expédition qu'il avait lancée 8 ans auparavant était alors un mystère.

Nul besoin d'avoir humé l'air iodé dès sa naissance pour devenir un grand marin. Après Cook, l'un des meilleurs exemples est sans doute Jean-François de Galaup, né en 1741 près d'Albi et entré aux Gardes de la Marine à Brest à quinze ans. Devenu comte de La Pérouse, c'est à lui que Louis XVI, féru de géographie et soucieux d'affirmer la présence française dans le Pacifique, confie deux navires marchands reclassés en frégates, la *Boussole* et l'*Astrolabe*, qui quittent Brest en août 1785.

À bord, 220 personnes – dont deux astronomes, des naturalistes, des chirurgiens, un mathématicien, un horloger, des cartographes, etc. L'expédition se situe dans la continuité de celles de Cook : elle doit notamment tester le tout nouveau sextant, affiner les méthodes de calcul de la longitude, et bien sûr dresser les cartes les plus précises possible des côtes du Pacifique Nord. En trois ans de navigation, La Pérouse parcourt 40 000 nautiques (74 000 km), soit près de deux tours du monde, explore les côtes américaines de l'Alaska à la Californie, traverse le Pacifique et navigue des Philippines au Kamtchatka. Il découvre également le détroit qui porte toujours son nom, entre Hokkaido et Sakhaline.

En 1817, à la demande de Louis XVIII, Nicolas-André Monsiau peint la réunion du 29 juin 1785, durant laquelle Louis XVI (assis) transmet ses consignes à La Pérouse en présence du marquis de Castries, ministre de la Marine (à droite).

Il traverse encore le Pacifique du nord au sud jusqu'en Australie pour surveiller la colonisation anglaise qui commence. Repartant à la mi-mars 1788 vers le nord-ouest, ses navires sont pris dans une tempête et font naufrage sur Vanikoro, dans les îles Salomon. Il fallut près de quarante ans pour comprendre ce qui s'était passé. Louis XVI lança une expédition de secours en 1791, mais n'eut jamais la réponse à sa question. Car si l'on peut douter qu'il l'ait posée au pied de l'échafaud, le « navigateur immobile », comme le qualifia l'historien de marine Étienne Taillemite, l'avait sûrement répétée maintes fois à son entourage.

Le scorbut, la « peste de mer »

Le surnom attribué au scorbut témoigne des ravages que provoquait cette carence en vitamine C lors des voyages au long cours, où équipages et passagers ne consommaient que des vivres en conserve (biscuit, légumes secs, viandes fumées ou salées). L'historien R. E. Hughes estime que le scorbut a tué un million de marins entre 1600 et 1800. Certains remèdes empiriques apparurent dès le XVIIe siècle – rations de fruits ou de jus d'agrumes, choucroute embarquée sur les navires de la VOC –, mais eurent du mal à se généraliser. La Pérouse devait d'ailleurs vérifier les vertus anti-scorbutiques de certains aliments. Ironie du sort : d'Entrecasteaux, qui commandait l'expédition partie à sa recherche, mourut lui-même du scorbut en 1793, au large de Java.

☛ VOIR AUSSI

1766 : Bougainville, le voyage des faux-semblants
1768 : James Cook, chasseur de mythes

1793

MARÉES ROUGES, VERTES ET BLANCHES

Naviguant en 1793 le long des côtes de la Colombie britannique, le capitaine Vancouver relate l'intoxication de ses marins par des coquillages. Il précise que les Indiens de la région évitent d'en manger lorsque la mer devient rouge.

Pour le biologiste, une marée rouge est le résultat d'une efflorescence algale, prolifération de microalgues de couleur rouge qui sont parfois toxiques. Ces algues unicellulaires font partie du phytoplancton, ou plancton végétal. Elles contiennent des pigments photosynthétiques rouges ou verts, comme la chlorophylle. Au printemps, stimulées par l'augmentation de l'intensité lumineuse, elles se multiplient rapidement. Leur activité est particulièrement intense dans les zones riches en sels minéraux, c'est-à-dire près des côtes et dans les zones d'upwellings (voir p. 186). L'eau peut alors contenir jusqu'à cent millions de cellules par litre.

Parmi les 5 000 espèces constituant le phytoplancton, on trouve les diatomées – qui possèdent un squelette siliceux – et les péridiniens, responsables de certaines marées rouges. Autre groupe important, les coccolithophores, des microalgues couvertes d'une armure de plaques calcaires : les floraisons bleu turquoise, presque blanches, d'*Emiliania huxleyi* (dite Ehux) peuvent s'étaler sur 100 000 km^2.

Mais la production du phytoplancton est menacée par le réchauffement climatique. Plus les eaux de surface sont chaudes, moins elles se mélangent avec les eaux profondes, ce qui ralentit les transferts de sels minéraux vers la surface. De plus, l'acidification des océans pourrait gêner la formation des plaques calcaires des coccolithophores et bloquer leur développement. Or, le phytoplancton joue un rôle essentiel pour l'ensemble des écosystèmes marins et terrestres. Ces algues microscopiques se trouvent en effet à la base de presque toutes les chaînes alimentaires marines. De plus, elles produisent plus de la moitié de l'oxygène que nous respirons !

Carbone stocké

Contrairement aux arbres, dont les feuilles captent le CO_2 de l'air mais le rejettent rapidement lorsqu'elles se décomposent, le phytoplancton constitue un puits de carbone à long terme. En effet, une bonne partie de sa matière organique tombe au fond des océans et y reste (au moins à l'échelle des temps géologiques). C'est probablement ainsi que s'est formé le pétrole, à partir des gouttelettes d'huile incluses dans les cellules du phytoplancton. Mais le carbone, qui avait été ainsi stocké au cours de dizaines de millions d'années d'accumulation, a été rendu à l'atmosphère. On envisage aujourd'hui de produire des biocarburants et même du bitume à partir de cultures de phytoplancton.

☛ **VOIR AUSSI**

1904 : Le zooplancton
2009 : *Tara*
2014 : El Niño
2014 : Le réchauffement climatique

Floraison printanière de la microalgue *Emiliania*, dans le golfe de Gascogne (voir cahier couleurs, p. VI).

1800

SURCOUF CAPTURE LE *KENT*

Robert Surcouf (1773-1827) est le plus célèbre corsaire français et l'un des plus illustres fils de Saint-Malo. Le fait d'armes du 7 octobre 1800 a beaucoup fait pour sa légende.

La date du combat entre la *Confiance* et le *Kent*, l'un des puissants navires de commerce de la Compagnie des Indes (surnommés *indiaman*), relève elle-même de la légende : à côté de la date officielle, l'une des chansons de marins les plus connues du grand public le place, selon son titre, au « 31 du mois d'août ». C'est la deuxième fois que Surcouf et son équipage parviennent à capturer ainsi un *indiaman*, après la prise du *Triton* le 29 janvier 1796 – Surcouf disposait alors d'un simple brick, le *Cartier*, avec une vingtaine d'hommes et 4 canons contre les 26 du *Triton*.

Surcouf est issu d'une riche famille commerçante de Saint-Malo et apparenté à un autre corsaire malouin célèbre, René Duguay-Trouin (1673-1736). Déjouant les projets de sa famille, le jeune homme s'embarque dès 13 ans et devient élève-officier de la Marine marchande, puis enseigne de vaisseau dans la marine de guerre française. Mais il préfère la « course », cette guerre au commerce menée pendant les périodes de guerre ouverte, sous couvert de lettres de marque (ou de course), délivrées par les autorités de l'État et qui évitaient aux « corsaires » d'être assimilés à des pirates. Les corsaires traitaient d'ailleurs leurs prisonniers avec plus de retenue que les pirates, et les ennemis de Surcouf louèrent toujours le respect qu'il

Louis Garneray, le peintre de cette huile sur toile représentant la prise du *Kent* par Surcouf sur la *Confiance* (golfe du Bengale), y a lui-même participé, et a bien rendu la disproportion entre la frégate française de 24 canons et l'indiaman, qui en alignait 38 et comptait trois fois plus d'hommes (voir cahier couleurs, p. VII).

leur manifesta. De 1793 à 1815, les corsaires français interceptèrent près de 11 000 navires britanniques.

Les campagnes de Surcouf, surtout celles menées dans l'océan Indien, furent rémunératrices, puisqu'il réussit à capturer plus de quarante vaisseaux anglais en une décennie. La dernière phase des guerres napoléoniennes, de 1809 à 1814, fut beaucoup moins favorable à ce véritable armateur corsaire dont six bâtiments sur sept furent saisis ; seul le *Renard* échappa à la capture. Le navire a d'ailleurs été reconstitué par une association de passionnés de Saint-Malo et navigue depuis 1991, en embarquant des passagers.

L'*Hermione* retraverse l'Atlantique !

L'*Hermione* était la frégate qui emmena le marquis de La Fayette, âgé d'à peine 20 ans, auprès des *Insurgents* américains en 1780. Une association présidée par Erik Orsenna l'a reconstruite à la Corderie royale de Rochefort entre 1997 et 2014. Il s'agit de la plus grande reconstitution récente de « vieux gréements », après celles de navires de pêche ou de charge. Ces chantiers préservent des savoir-faire ancestraux et participent à la redécouverte du patrimoine maritime, avec les fêtes maritimes de Douarnenez, puis de Brest tous les 4 ans depuis 1992, l'Armada de Rouen, les Grandes Voiles du Havre, etc.

En 2015, l'*Hermione* a « de nouveau » gagné les États-Unis pour les commémorations de l'indépendance américaine.

☛ VOIR AUSSI

1571 : La bataille de Lépante
1944 : Le rôle des mers dans les guerres mondiales
1954 : L'*USS Nautilus*
2018 : 100 000 tonnes de diplomatie

1808

LA VIE DANS LES ABYSSES

En 1808, le naturaliste suisse François Delaroche, accompagnant des pêcheurs catalans, assiste à la capture d'un requin pris à 542 mètres de profondeur, selon sa propre sonde.

Selon lui, si des poissons sont capables de vivre là, rien n'empêche leur présence à des profondeurs bien supérieures, car ils n'y trouveraient pas des conditions beaucoup plus difficiles. Mais à l'époque, la plupart des naturalistes pensent que les abysses sont dépourvus de toute vie. Dans la deuxième moitié du XIXe siècle, la multiplication des observations finit par convaincre les biologistes que de multiples formes de vie supportent les contraintes du milieu abyssal : pression très élevée, absence de lumière et température très basse (constante, à 2-3 °C).

Dans le langage courant, les abysses sont les grandes profondeurs sous-marines, en dessous de quelques centaines de mètres, où la lumière solaire ne pénètre presque plus. Pour les océanographes, ce sont plus précisément les vastes plaines océaniques entre 2 000 et 6 000 m de profondeur. Ce milieu est très mal connu, d'autant plus qu'il comprend non seulement le fond, mais aussi la colonne d'eau sus-jacente, de plusieurs kilomètres de hauteur. On estime qu'environ 5 % des fonds océaniques ont été explorés. Ainsi, des dizaines de milliers de montagnes sous-marines isolées, non décelables par satellite, n'ont pas encore été cartographiées.

Faute de lumière, et donc d'algues, la principale source de nourriture provient de la pluie de matière organique qui tombe de la surface, constituée de plancton mort, d'excréments et de débris de poissons ou de crevettes. De grands animaux morts parviennent également au fond, réunissant pour quelques mois ou quelques années des communautés de poissons et de crabes charognards, ainsi que leurs prédateurs. Du fait de la pauvreté des ressources alimentaires, la faune abyssale est généralement peu dense, mais sa diversité est très élevée. Selon les estimations, les abysses hébergent entre 1 et 100 millions d'espèces (pour environ 250 000 espèces marines actuellement identifiées).

Pêches abyssales

De nombreux animaux abyssaux mènent une vie ralentie, en comparaison des espèces similaires vivant près de la surface. Ainsi, des coraux d'eau froide peuvent vivre plusieurs milliers d'années et des poissons plus d'un siècle. Mais leur croissance lente et leur maturité sexuelle tardive limitent leur capacité à renouveler leur population. Or, à partir des années 1970, du fait de la surexploitation des ressources littorales, les chalutiers européens se sont tournés vers les communautés abyssales, la puissance des navires leur permettant d'atteindre des profondeurs auparavant inaccessibles. Devant la dégradation rapide des écosystèmes profonds, l'Union européenne a limité en 2016 la pêche en eaux profondes, protégeant notamment les récifs coralliens.

☛ VOIR AUSSI

1857 : Les monstres marins
1960 : Plongée dans les abysses
1977 : Les sources hydrothermales
2017 : Les aires marines protégées

Comme beaucoup d'espèces abyssales,
la hache d'argent (*Argyropelecus aculeatus*) est bioluminescente.
Ses flancs émettent une lumière d'origine chimique qui estompe
sa silhouette dans l'infime luminosité provenant de la surface
(voir cahier couleurs, p. VIII).

1812

L'OCÉANIE, « CONTINENT INVISIBLE »

Les noms des continents, comme la géographie elle-même, ont une histoire et reflètent des choix culturels. Si l'Europe, l'Afrique et l'Asie sont identifiées dès l'Antiquité, quoiqu'avec des frontières incertaines, l'Amérique n'apparaît qu'en 1507 sur une carte du monde.

Le nom du cinquième continent a été créé par un géographe francophone, Conrad Malte-Brun. Né au Danemark, Malte-Brun (1775-1826) fait partie des intellectuels libéraux de son pays, et doit s'exiler en 1799 pour avoir montré des sympathies pour la Révolution française. Il finit par s'installer à Paris où il se consacre notamment à un *Précis de géographie universelle ou description de toutes les parties du monde*, premier du genre en français, publié entre 1810 et 1829. En 1812, il crée le néologisme « Océanie » pour désigner ce continent qui n'en est pas vraiment un. En effet, avec ses 8,5 millions de km^2, soit la taille du Brésil, la surface des terres le constituant représente moins de 5 % de celle des mers qui l'environnent, puisque les 180 millions de km^2 de l'océan Pacifique couvrent près de la moitié de l'océan mondial. Et encore les îles géantes – Australie, Nouvelle-Guinée et Nouvelle-Zélande – constituent-elles 98,9 % de cette surface. En revanche, l'Océanie détient un nombre record de zones économiques exclusives (ZEE) avec ses nombreux archipels indépendants comme Kiribati (3,5 millions de km^2 de ZEE), ou comme les territoires français, qui totalisent plus de 7 millions de km^2 ; la France dispose ainsi de la deuxième plus grande ZEE du Pacifique, derrière celle de l'Australie (8,6 millions de km^2).

Le Pacifique offre donc à la France les deux tiers de sa ZEE, dont la moitié pour la seule Polynésie (5 millions de km^2), grâce à la grande dispersion des atolls et archipels qui jalonnent le Pacifique central. Curiosité géographique : l'atoll de Clipperton, totalement isolé dans le Pacifique oriental, dispose d'une ZEE parfaitement circulaire d'un rayon de 200 milles (370 km), ce qui donne à ce territoire de moins de 2 km^2 pour un littoral de 5 km un domaine maritime plus important (434 000 km^2) que celui de la France métropolitaine (349 000 km^2), qui affiche pourtant des côtes mille fois plus étendues et une superficie de 550 000 km^2 !

Combien de continents ?

Il n'y a aucune évidence géographique dans la répartition des territoires en continents, dans la mesure où trois ont une continuité territoriale (Europe, Asie, Afrique). Même les îles continentales ont des limites incertaines : l'Amérique est souvent divisée en deux (Nord et Sud), et l'appartenance de la Nouvelle-Guinée à l'Océanie est discutable, sa partie occidentale (l'Irian Jaya) appartenant à l'Indonésie, qui est un État asiatique. Il n'y a guère que l'Antarctique qui soit clairement identifiée, mais ce continent ne comporte aucune population permanente. On trouve donc des tableaux à 5, 6 ou 7 continents selon les auteurs. L'idée que les anneaux olympiques représentent « les cinq continents » est réfutée par le Comité international olympique (CIO), pour qui l'universalisme ne s'exprime qu'à travers les couleurs, reprises des drapeaux de tous les pays membres.

☛ VOIR AUSSI

1492 : Christophe Colomb (ne) découvre (pas) l'Amérique
1520 : Le détroit de Magellan
1569 : L'*Atlas* de Mercator
1768 : James Cook, chasseur de mythes
1793 : « A-t-on des nouvelles de M. de La Pérouse ? »
1982 : La Convention de Montego Bay

1828

LES VAGUES SCÉLÉRATES

Dumont d'Urville fut longtemps moqué pour avoir signalé des vagues « monstrueuses » lors de son périple sur l'*Astrolabe*. Près de deux siècles plus tard, on commence seulement à appréhender le phénomène.

Il existe des lieux particuliers de la géographie maritime (*spot* en anglais) où la houle, à l'approche des côtes ou de hauts-fonds, crée des vagues de plusieurs mètres de haut. Particulièrement appréciés des surfeurs de l'extrême, ces phénomènes peuvent être permanents, comme Mavericks en Californie, saisonniers ou occasionnels en fonction des conditions de vent et de marée, à l'image de Belharra, une vague d'une dizaine de mètres qui se forme au large du pays basque une à deux fois par an (ou parfois pas du tout). Mais les vagues scélérates sont d'une tout autre ampleur.

Elles se forment en pleine mer et peuvent atteindre vingt à trente mètres de haut entre le creux et la crête – un pétrolier militaire américain en a mesuré une de trente-quatre mètres en 1933. Elles s'inscrivent dans une houle déjà formée, dont elles suivent à peu près la longueur d'onde et le train, mais dépassent le double des vagues ordinaires. Sur l'échelle de Douglas, graduée de 0 à 9 en fonction de la hauteur des vagues, une mer « très grosse » (force 8) présente des hauteurs de neuf à quatorze mètres et une mer « énorme » (force 9) des creux de plus de quatorze mètres ; les vagues scélérates dépasseront alors les trente mètres. Car si la vague scélérate est généralement isolée, il arrive qu'elles se présentent par deux ou trois successives, posant d'autant plus de problèmes

Les vagues automnales de Nazaré, au Portugal, sont parfois hautes comme des vagues scélérates. En 2014, Benjamin Sanchis (photo) a affronté une vague de 33 mètres mais n'a pu terminer son ride, contrairement à Rodrigo Koxa, qui a établi en 2017 un nouveau record à plus de 24 mètres.

aux navires qui n'ont pas toujours le temps de se redresser après avoir encaissé la première vague.

Une vague scélérate est un véritable « mur d'eau » (une dizaine d'étages) se déplaçant à des vitesses pouvant aller jusqu'à vingt nœuds, et capable de broyer les superstructures de n'importe quel bâtiment, car les navires ne sont pas conçus pour de pareils chocs au-dessus de leur ligne de flottaison : tandis qu'une vague de dix mètres exerce une pression de l'ordre de douze tonnes au mètre carré, la pression d'une vague de trente mètres peut monter jusqu'à cent tonnes. De nombreux navires perdus en mer pourraient bien avoir été victimes de tels « monstres marins ».

Vents et vagues

L'immense majorité des vagues ne sont pas scélérates ! Elles naissent généralement sous la pression du vent, parfois du fait de la rencontre de deux courants ou de la chute d'une falaise dans l'eau. Les vagues directement soulevées par le vent constituent la « mer du vent ». Lorsque le vent reste constant suffisamment longtemps, les vagues s'organisent et forment la houle. Ainsi, un vent soufflant à 45 nœuds (83 km/h) pendant 20 heures peut engendrer une houle de dix mètres de hauteur. Cette onde de surface régulière est capable de se propager sur des milliers de kilomètres. En mer, les marins décrivent la puissance du vent au moyen de l'échelle de Beaufort, qui s'appuie sur les effets visibles du vent et comprend 13 degrés, de 0 pour une mer « miroir », à 12 pour un ouragan.

☛ **VOIR AUSSI**

1488 : Le cap de Bonne Espérance
1616 : Le baptême du cap Horn

1843

LE *GREAT BRITAIN*

Le paquebot *Great Britain* est le premier navire à la coque entièrement en acier et uniquement propulsé par hélice. Une étape décisive dans l'affirmation de la suprématie de la vapeur.

Le monde maritime, partagé entre l'empirisme technologique et le respect des traditions, n'est pas le plus réceptif aux innovations. Ainsi, au XIXe siècle, plusieurs technologies se superposent : les voiliers de commerce persistent, et atteignent même une forme de perfection avec les clippers ; la propulsion à vapeur, de plus en plus utilisée pour les navires de passagers, n'exclut pourtant pas les mâts et les voiles, en cas d'avarie ou pour les itinéraires sur lesquels les relais de charbon sont trop rares. En outre, la plupart des « vapeurs » sont encore mus par des roues à aubes latérales. Comme ces navires transportent aussi le courrier, ils sont surnommés « *packet boats* », à l'origine du terme « paquebot » en français.

Installée pour la première fois sur le sous-marin *Turtle* de Bushnell en 1776, l'hélice propulsive met quant à elle plus d'un demi-siècle pour trouver la forme la plus adaptée à la navigation : une hélice courte plutôt que longue. Mais elle ne s'impose qu'à partir des années 1850. L'ingénieur britannique Isambard K. Brunel, convaincu de l'avenir de la vapeur, conçoit coup sur coup « les trois plus grands navires du monde », mais avec des propulsions différentes : le *Great Western*, lancé en 1838, est muni de roues à aubes ; le *Great Britain*, de 1843, est doté d'une hélice ; enfin le *Great Eastern* combine les deux ! Le *Great Britain* est le premier navire européen de près de 100 mètres de long. Il déplaçait plus de 3 000 tonnes et pouvait accueillir 250 passagers, puis plus de 700 après l'adjonction d'un pont supplémentaire. Capable de traverser l'Atlantique en deux semaines, à une moyenne de 10 nœuds (18,5 km/h), il servit aussi au transport de troupes et navigua plus de quarante ans, jusqu'en 1886, finissant sa carrière aux îles Falkland d'où il fut ramené en Angleterre. Entièrement restauré, il se visite aujourd'hui dans le port de Bristol.

La mer devient un espace sportif

Le 22 août 1851, en pleine Exposition universelle de Londres, une régate est organisée par le Royal Yacht Squadron autour de l'île de Wight. Elle est remportée par la goélette *America* lancée trois mois plus tôt. Le prix de cette régate, courue par quinze navires, était une aiguière – ancien vase à eau – en argent. Rapportée aux États-Unis, elle prend le nom de Coupe de l'America, en hommage au voilier vainqueur, et c'est sous ce nom que la compétition est désormais organisée selon un règlement adopté en 1857. La navigation, jusque-là moyen risqué de gagner sa vie, voire malédiction à en juger par certains chants de marins, devient un loisir, un sport. La coupe resta au New York Yacht Club jusqu'en 1980, car aucun des vingt-trois premiers challengers ne réussit à battre les bateaux alignés par les Américains.

☛ VOIR AUSSI

1866 : La grande course du thé
1935 : Le *Normandie* et le « ruban bleu »
1990 : Les femmes et la mer

Sur cette huile sur toile, Joseph Walter (1783-1856) représente le *S.S. Great Britain* encore à vide quittant le bassin pour son voyage inaugural, le 23 janvier 1845.

1843

LE *HOLLANDAIS VOLANT*

Le 2 janvier 1843 eut lieu à Dresde la première représentation d'un opéra de Richard Wagner prenant pour thème l'une des plus célèbres histoires de vaisseau fantôme.

Comme pour toute légende, la source de l'histoire du *Hollandais volant* est impossible à démêler. La première mention écrite remonte à la fin du XVIIIe siècle, mais son histoire détaillée est publiée dans un journal britannique en 1821. Une version française paraît en 1832, et le poète allemand Heine s'en inspire pour une nouvelle éditée en 1834. C'est cette dernière œuvre qui enthousiasme Wagner au point de lui inspirer un opéra, délaissant ses habituels thèmes de la mythologie ou du Moyen Âge germaniques.

Sa véritable origine est sûrement très ancienne et se situerait à la fin du XVIIe siècle, dans les parages du cap de Bonne Espérance. Comme son nom l'indique, le navire concerné est hollandais. Son capitaine, parfois nommé van der Decken, est un homme sans foi ni loi, voire un pirate qui, pris dans une tempête, défie soit Dieu, soit le diable. D'autres versions attribuent la malédiction à une révolte de l'équipage. Toujours est-il que le navire est condamné à errer sans fin sur les océans ; le rencontrer est un sinistre présage pour des navires réels, et nombre de disparitions inexpliquées lui sont attribuées.

Plus étrange, des témoignages apparemment dignes de foi accréditent la légende : le futur George V et une dizaine d'autres personnes l'auraient aperçu près de l'Australie en

1881 ; en 1939, une douzaine de baigneurs disent avoir vu près du Cap un navire, toutes voiles dehors, passant au large à vive allure malgré l'absence de vent ; des équipages de sous-marins allemands ou de navires britanniques l'auraient aussi aperçu durant la Seconde Guerre mondiale. Le vaisseau fantôme fait partie des superstitions avec lesquelles les marins ne plaisantent pas, comme le fait de ne pas prononcer le mot « lapin » à bord.

Un modèle de dériveur de loisir et de compétition apparu en 1952 a néanmoins été nommé ironiquement *Flying Dutchman* (Hollandais volant) par son créateur, un architecte hollandais, et une goélette de 1903 a été rebaptisée ainsi en 1995.

Les vaisseaux fantômes

S'il est le plus célèbre, le *Hollandais volant* est loin d'être le seul vaisseau fantôme du folklore maritime, qui en compte près d'une centaine à la notoriété locale ou universelle. Certains lieux comme le cap Horn, le cap de Bonne Espérance ou le banc de Goodwin dans la Manche, semblent plus propices que d'autres. Beaucoup sont imaginaires, mais certains peuvent avoir une base réelle, comme l'abandon d'un navire en perdition par son équipage, qui disparaît en mer alors que le navire reste finalement à flot. Il existe aussi des cas de navires pris dans les glaces puis relâchés par la banquise, comme le *Baychimo*, abandonné en 1931, et signalé naviguant en 1969. Récemment, un chalutier japonais emporté au large par le tsunami de mars 2011 a finalement été coulé près de l'Alaska en avril 2012.

☛ VOIR AUSSI

1488 : Le cap de Bonne Espérance
1848 : Le *Glossaire nautique*
1881 : Ar Men, « enfer des enfers »

1844

LE COMMERCE DES COQUILLES

En 1844, l'entrepreneur Joseph Barbaroux obtient une médaille d'argent de l'industrie française pour ses camées taillés dans des coquilles de casques rouges, de gros mollusques du Pacifique.

À la fin du XVIIIe siècle, Napoléon remet au goût du jour les camées. Les fabricants de bijoux français commencent donc à rivaliser avec les producteurs romains et napolitains en sculptant la calcite des coquilles, bien plus tendre que l'agate ou l'onyx des camées traditionnels. Les casques, ou cassis, sont alors particulièrement prisés pour leurs strates colorées. Dans les îles du Pacifique, ces coquillages étaient utilisés pour la production d'hameçons ou de parures.

Depuis la Préhistoire, de multiples animaux marins ont ainsi fourni les matières premières nécessaires à la réalisation de bijoux de luxe et d'innombrables objets décoratifs ou utilitaires, du corail méditerranéen aux perles des huîtres de l'océan Indien, de la pourpre antique aux carapaces des tortues. Après les voyages d'exploration des navigateurs du XVIIe et du XVIIIe siècles, des commerçants mirent en place des filières d'approvisionnement pour alimenter les ateliers européens, notamment en Italie et en France.

Ainsi, les boutons de nacre étaient-ils fabriqués à partir des coquilles des huîtres perlières ou des troques marines, d'autres mollusques du Pacifique. En Picardie, des milliers d'ateliers auparavant spécialisés dans la corne, l'os ou l'ivoire se reconvertissent dans le travail de la nacre. Au XIXe siècle, des usines remplacent les artisans, mais bientôt la concurrence japonaise provoque un effondrement des prix, puis des salaires. Cette industrie va alors lentement péricliter jusqu'à disparaître définitivement avec l'arrivée des boutons en plastique.

La fin de ce commerce n'a pas suffi à assurer la sauvegarde des espèces ainsi exploitées. Certaines d'entre elles sont protégées, mais beaucoup font encore l'objet d'un commerce international florissant. Les boutons de nacre sont toujours fabriqués en Asie. Les casques et les troques ne sont pas passés loin de l'extinction. Leur élevage permettra peut-être, à l'avenir, de satisfaire les demandes des amateurs de nacre et des collectionneurs de coquillages, et de préserver leur vie à l'état sauvage.

La grande nacre

La grande nacre, dite aussi « jambonneau » ou « pinne marine », est un grand coquillage qui vit fiché dans le sable à faible profondeur, en Méditerranée. Il produit, comme la moule, un byssus, un ensemble de fils qui assurent sa fixation. Convenablement traités, ces fils prennent une teinte dorée et brillante et se prêtent au tissage, sous l'appellation de « soie de mer ». Depuis l'Antiquité, cette soie était utilisée pour la fabrication de vêtements de grand luxe destinés aux souverains ou aux dignitaires religieux. Au XXe siècle, la raréfaction des mollusques entraîne la disparition des ateliers. Les tentatives d'élevage ne donnèrent pas de résultats concluants. Aujourd'hui, la grande nacre est intégralement protégée, mais elle est depuis 2016 la victime d'un parasite microscopique invasif et se trouve en danger critique d'extinction.

☛ **VOIR AUSSI**
1215 : 10 000 harengs en cadeau

1848

LE *GLOSSAIRE NAUTIQUE*

Si la carrière d'Augustin Jal dans la marine française s'arrête à la Restauration, il laisse aux marins une somme de près de 1 600 pages, à laquelle il a consacré 17 ans de sa vie.

Cette œuvre, sous-titrée « Répertoire polyglotte de termes de marine anciens et modernes », recense des mots de cinquante-deux langues, et fait encore autorité. Le « parler marin » serait-il une langue à part ? Il a en tout cas deux caractéristiques essentielles.

La première est son souci de précision : le vocabulaire nautique est un héritage d'efforts pour donner à chaque objet ou action un mot approprié. Les ordres, qui sont parfois donnés « à l'aveugle » ou bien dans le fracas d'une tempête ou d'une bataille, ne doivent jamais être ambigus, car la survie de tous exige que chacun comprenne immédiatement ce qu'il doit faire. Tribord et bâbord, par exemple, sont définis par rapport à l'axe du navire et ne changent donc jamais : tribord désigne le côté droit mais se trouve à votre gauche quand vous regardez vers l'arrière. Ainsi, deux personnes se faisant face ne confondront jamais tribord et bâbord, alors que droite et gauche sont inversées pour elles.

La seconde est la dimension internationale. Le vocabulaire nautique est logiquement le premier gagné par la « mondialisation » et comporte beaucoup d'emprunts, de préférence aux nations les plus « maritimes » : les mots tribord et bâbord, introduits en français au XVe siècle, viennent ainsi du néerlandais ; amiral, apparu dès le XIIIe siècle, vient de l'arabe « émir », etc. Le monde maritime a ensuite transmis ses mots et sa démarche à bien d'autres domaines, notamment à l'aéronautique.

L'influence de ce vocabulaire au théâtre, grâce aux marins reconvertis dans les coulisses et la machinerie (où leur science des nœuds et des cordages faisait merveille), est plus inattendue. La relâche, jour de fermeture, vient ainsi du verbe « relâcher », au port ou au mouillage, et même l'organisation des sièges en côté pair et impair reflète celle des navires en bâbord (impair) et tribord (pair). Sans oublier, bien sûr, les superstitions – on ne parle jamais de « corde » au théâtre, comme sur un bateau !

Les chants de marins

Si les chants ont depuis longtemps rythmé la vie à bord des navires, c'est seulement en 1927 que paraît le premier recueil français, constitué par le capitaine Armand Hayet, qui introduit un classement parfois arbitraire : chants « de travail » (dits « à hisser » ou « à virer »), destinés à favoriser la coordination des marins à la manœuvre, et chants « de gaillard », pour passer le temps. Tous parlent de la pénibilité de la vie à bord, de fortunes de mer, d'exploits plus ou moins légendaires, etc. L'un des sujets favoris était la gent féminine, traitée le plus souvent de façon brutale et paradoxale, idéalisée et diabolisée, même s'il existe aussi de touchantes complaintes autour des départs et de promesses de fidélité. La plupart des chants parvenus jusqu'à nous datent du XIXe siècle.

☛ **VOIR AUSSI**

1929 : Le mille marin

1965 : La codification des pavillons

1852

LES CÂBLES SOUS-MARINS

En 1851, le premier câble télégraphique de l'histoire est posé sous la mer, entre Douvres et Calais. À partir de 1852, les messages circulent en moins d'une heure entre Londres et Paris, au lieu de deux à trois jours.

L'installation du premier câble télégraphique fut l'amorce du « big-bang » des communications qui constitue la toile de fond du mouvement de mondialisation. Car depuis, le réseau de câbles ne cesse de s'étendre, dépassant les 100 000 kilomètres en 1875, et dépassant le million de kilomètres aujourd'hui, soit 25 fois le tour de la Terre ! Une évolution en taille mais aussi en qualité, avec l'arrivée des câbles téléphoniques, puis des premières fibres optiques à la fin des années 1980. De quoi démultiplier les capacités : le premier câble téléphonique transatlantique de 1956 avait une capacité de quarante lignes, celui en fibre optique en supporte mille fois plus. Le câble posé dans l'Atlantique en 2017, nommé *Marea* et financé par Microsoft et Facebook, a accru à lui seul de 50 % la capacité disponible entre Europe et Amérique du Nord, avec une bande passante de 160 térabits (milliers de milliards de bits) par seconde. De quoi assurer le streaming de 71 millions de vidéos HD simultanément. Google soutient de son côté le projet *Faster*, un lien à très haut débit entre Japon et États-Unis.

Contrairement à une idée reçue, les communications internationales (téléphone et Internet en particulier) ne passent pas par satellites : plus de 99 % empruntent les quelque 400 câbles en service et reliant désormais tous les continents. Ces câbles sont posés sur le fond par des navires câbliers, grâce à des

Tambours de câbles en fibres optiques à bord d'un câblier actuel. Un navire câblier moderne peut poser jusqu'à 4 000 km de câbles en une seule mission.

robots qui creusent un léger sillon pour les protéger d'un arrachage accidentel qui se produit pourtant régulièrement. L'entretien ou le dépannage de ces câbles, qui reposent souvent à plusieurs milliers de mètres de profondeur, se fait soit par relevage partiel, soit par des dispositifs automatisés ou téléguidés. La pression et l'obscurité à de telles profondeurs interdisent en effet l'intervention humaine directe.

Le *Great Eastern*, câblier par défaut

Les premiers câbliers étaient des navires reconvertis, à l'image du *Great Eastern*, le « gros bébé » de l'ingénieur Brunel. Combinant roues à aubes et hélice, ce paquebot traîne une réputation de navire maudit, avant même son difficile lancement en 1858, en raison des avatars subis sur le chantier. Il établit néanmoins de nouveaux records qui ne seront battus qu'au début du XXe siècle : 213 mètres de long, 27 000 tonnes de déplacement, une capacité effarante de 4 000 passagers, ce qui inspira à Jules Verne, qui voyagea à son bord, le roman *Une Ville flottante* (1871). Une capacité en réalité trop importante : aucune des douze traversées accomplies en quatre ans d'exploitation ne s'est effectuée à pleine charge, ce qui entraîna sa conversion. En tant que câblier, il posa quelque 48 000 kilomètres de câbles de 1865 à 1878, dont le tout premier câble transatlantique.

☛ VOIR AUSSI

1843 : Le *Great Britain*
1960 : Plongée dans les abysses

1857

LES MONSTRES MARINS

En 1857, le zoologiste danois Japetus Steenstrup rédige la première description scientifique d'un calmar géant, qu'il nomme *Architeuthis dux*, l'« ancien calmar chef ».

Quatre ans après cette première description, en 1861, les marins de l'*Alecton*, un aviso à roues de la marine française, tentent de monter à bord de leur navire un « poulpe monstrueux » qui nageait en surface. Ils n'y parviennent pas mais font ensuite le portrait de ce que l'on nomme aujourd'hui un calmar géant. Alors que l'on commençait juste à ne plus croire les anciens récits des navigateurs sur les créatures gigantesques cachées sous la mer, il faut se rendre à l'évidence : les monstres marins existent bel et bien ! Le calmar géant a donc changé de statut, passant de la catégorie « animal fabuleux » à l'état d'espèce réelle zoologiquement valide.

Depuis cette époque, des centaines d'individus d'au moins deux espèces distinctes ont été observés, photographiés et même filmés en profondeur. Ils sont bien sûr un peu plus petits que ceux que décrivait Erik Pontoppidan, évêque de Bergen, au XVIIIe siècle : ils ne mesurent pas 200 mètres, mais seulement 18, tentacules compris. Cependant, les traces laissées par leurs ventouses sur la peau des cachalots laissent imaginer qu'il en existe de plus grands dans les profondeurs.

Sur terre, les forêts, les montagnes et les déserts les plus reculés ont été étudiés depuis longtemps et tous les grands animaux ont probablement été identifiés. La proportion d'espèces inconnues est beaucoup plus élevée dans les océans, d'une part parce que les abysses restent largement inexplorés, mais aussi parce que les espèces microscopiques sont difficiles à prélever et à observer, alors qu'elles jouent un rôle important dans les grands cycles géochimiques. Quant aux espèces de grande taille, rien n'interdit de penser qu'elles se cachent encore dans les grottes volcaniques des médianes océaniques ou dans les fosses les plus profondes, dont on ne sait pratiquement rien !

Cryptozoologie et biodiversité

La cryptozoologie est la science des animaux cachés, dont l'existence est incertaine. Bien que non scientifiquement observés, ses objets ont été souvent décrits, qu'il s'agisse du yéti ou du monstre du Loch Ness. Mais en réalité, la plupart des animaux réels sont encore inconnus. Si l'on connaît un peu plus d'un million d'espèces animales, on estime que leur nombre total pourrait dépasser les dix millions d'espèces. La biodiversité nous réserve peut-être plus de surprises que la cryptozoologie !

☛ VOIR AUSSI

1434 : Au-delà de la « mer des Ténèbres »
1808 : La vie dans les abysses
1960 : Plongée dans les abysses
1977 : Les sources hydrothermales

L'œil gauche du calmar-bijou (*Histioteuthis arcturi*)
est tourné vers les profondeurs obscures. Le droit, deux fois plus gros,
épie les silhouettes qui se détachent sur la faible luminosité de la surface
(voir cahier couleurs, p. IX).

1858

L'AQUACULTURE

Après avoir observé en Italie l'antique technique de collecte de larves d'huîtres, le zoologiste Victor Coste effectue en 1858 les premiers essais d'ostréiculture sur les côtes françaises.

Alors que l'exploitation des bancs d'huîtres sauvages avait presque épuisé les populations naturelles, les pêcheurs se transforment en ostréiculteurs. Lors des premiers essais, le captage du naissain (les larves de coquillages) sur des fagots de bois ou des tuiles enduites de chaux donne de bons résultats en Bretagne et dans le bassin d'Arcachon, aboutissant à la création des premiers parcs à huîtres. Une fois les larves fixées sur les collecteurs, elles se métamorphosent. Les jeunes huîtres sont alors détachées puis semées sur le sable. Lorsqu'elles ont suffisamment grossi, elles sont récoltées au râteau.

Sans que le cycle de vie complet de l'animal soit maîtrisé, l'aquaculture peut ainsi profiter de la richesse du milieu marin sans l'épuiser. En effet, les larves planctoniques des animaux sont produites en quantités qui dépassent largement leurs possibilités d'occupation du milieu. Leur collecte n'a donc qu'une faible incidence sur la population adulte.

Ces techniques sont appliquées à la culture des algues marines depuis plus de 6 000 ans en Extrême-Orient. Là aussi, il suffit d'offrir aux jeunes algues flottant dans l'océan un support adéquat sur lequel elles pourront se fixer et grossir.

Mais si cela convient bien pour les huîtres ou les moules, cela ne peut suffire pour les espèces qui, une fois adultes, se déplacent librement sur le fond, ou pour celles qui continuent

Dans les parcs, les huîtres sont regroupées dans de grandes poches posées sur des tables découvertes à marée basse.

à vivre en pleine eau. Pour parvenir à élever les coquilles Saint-Jacques, les bars ou les daurades, il a d'abord fallu maîtriser leur cycle de vie complet, donc produire les larves au lieu de les récolter en mer. L'aquaculture fournit aujourd'hui la majeure partie des crustacés et des mollusques destinés à l'alimentation.

L'élevage des poissons marins, encore peu développé, augmente rapidement, avec plus de 75 espèces commercialisées.

Une aquaculture intégrée

Contrairement aux espoirs qu'elle avait soulevés, l'aquaculture n'a pas permis de réduire les problèmes de surpêche, puisque les animaux d'élevage sont nourris avec la chair de poissons sauvages. De plus, les fermes aquacoles rejettent dans le milieu naturel des déchets organiques polluants. Cependant, de nouvelles formes d'aquaculture apparaissent. Ainsi, des fermes aquacoles à plusieurs niveaux associent des poissons, des oursins qui consomment leurs excréments, des mollusques qui filtrent l'eau et des algues qui recyclent les nitrates et phosphates produits. Située à distance des côtes, une aquaculture offshore réduirait également les problèmes de pollution et les conflits opposant les différents utilisateurs du littoral.

☛ VOIR AUSSI

1215 : 10 000 harengs en cadeau
1975 : La révolution halieutique
1992 : La guerre de l'anchois
1997 : La mangrove des Sundarbans

1865

LA SOCIÉTÉ CENTRALE DE SAUVETAGE DES NAUFRAGÉS

Le métier de marin est l'un des plus dangereux du monde. Mais ce n'est qu'à la fin du XIXe siècle que l'opinion publique française en prend conscience, avec le développement de la presse.

À partir de 1850, l'augmentation du trafic maritime multiplie les naufrages qui émeuvent l'opinion, comme celui de la frégate la *Sémillante* en février 1855, en route pour la Crimée, faisant près de 700 morts (marins et soldats). Dix ans après cet accident, naît la première société de sauvetage française : la Société centrale de sauvetage des naufragés (SCSN), qui reçoit son premier canot de l'impératrice Eugénie. Elle fusionnera en 1967 avec les Hospitaliers-sauveteurs bretons (fondés en 1873) pour donner naissance à la Société nationale de sauvetage en mer (SNSM).

S'équipant à l'aide de dons et legs (80 % de ses ressources), et de quelques subventions publiques, cette association ne fonctionne que grâce au bénévolat de ses 7 000 sauveteurs. En dépit des progrès en matière de construction navale, d'instruments de navigation et d'équipements de sauvetage, prendre la mer est toujours une activité risquée qui fait près d'un mort et deux blessés par jour en France. D'après les statistiques des assurances, le marin (pêcheur notamment) est d'ailleurs, avec le bûcheron, le métier où l'on dénombre le plus d'accidents du travail (10 % des marins en sont victimes chaque année).

Déjà chez les Grecs, les marins constituaient un monde à part. « Il y a trois sortes d'hommes : les vivants, les morts et ceux qui sont sur la mer », selon le philosophe Anacharsis, au VIe siècle avant J.-C. La mort en mer était pour eux le pire des sorts car elle ne permettait pas de célébrer les rites funéraires.

Les ex-voto maritimes

Les ex-voto relèvent d'une dévotion très ancienne, attestée dans les religions païennes et consistant à placer un objet dans un sanctuaire en remerciement d'un vœu exaucé. L'Église catholique a fini par tolérer la pratique quand elle ne dérivait pas en simple superstition. Compte tenu des risques qu'ils couraient quotidiennement, les marins et leurs familles eurent souvent recours à des ex-voto classiques (plaques apposées au mur d'un édifice religieux) ou plus spécifiques (maquette d'un bateau cherchant la protection divine, tableau remerciant pour un sauvetage, etc.). On en trouve de belles collections dans les églises proches des côtes ou emblématiques pour les communautés de pêcheurs ou de marins au long cours, comme à la basilique Notre-Dame-de-la-Garde, à Marseille.

☛ VOIR AUSSI

1881 : Ar Men, « enfer des enfers »
1912 : Le naufrage du *Titanic*

1866

LA GRANDE COURSE DU THÉ

Alors que la vapeur commence à s'imposer, les voiliers de commerce atteignent une forme de perfection avec les clippers, apparus au début du XIXe siècle aux États-Unis.

Les premiers clippers étaient destinés aux liaisons entre la côte est des États-Unis et la Californie. De forme élancée, leur longueur moyenne (60 à 70 mètres) et leurs trois mâts gréés de voiles carrées, avec souvent une voile aurique à l'artimon (mât arrière), leur permettaient d'approcher les 20 nœuds (37 km/h) et de soutenir des moyennes de 8 à 9 nœuds (15 à 16 km/h). Les chantiers britanniques en construisirent à partir du milieu du siècle pour le commerce avec l'Extrême-Orient (thé d'Inde ou de Chine, laine d'Australie et de Nouvelle-Zélande, etc.) ou l'Amérique du Sud (laine argentine, guano chilien).

Dans les années 1860, quelques clippers rivalisaient pour acheminer au plus vite à Londres le thé récolté en Chine au printemps. L'enjeu était une prime pour le capitaine et un bonus sur le prix à la tonne. En 1866, après cent jours de traversée, deux navires sur les cinq partis de Fuzhou remontèrent la Manche bord à bord ; la *Taeping* n'accosta qu'avec quelques minutes d'avance sur l'*Ariel*. Mais ce finish époustouflant n'était en réalité qu'un chant du cygne : les clippers étaient arrivés deux semaines après un navire à propulsion mixte (voiles et vapeur) parti bien après eux. La prime fut supprimée dès l'année suivante.

En 1869, les chantiers écossais achevaient le *Cutty Sark*, un modèle de clipper avec une coque en bois renforcée de pièces métalliques, long de 85 mètres. Mais cette même année, l'ouverture du canal de Suez condamna les clippers du thé, incapables de « tirer des bords » dans les espaces étroits de la mer Rouge et du canal. Le *Cutty Sark* se montra toutefois à son avantage dans le transport de la laine d'Australie et de Nouvelle-Zélande via Le Cap, réalisant une traversée record en soixante-sept jours. Par la suite, les plus grands voiliers seront construits en métal avec quatre, cinq voire six mâts. En 1914, les navires à voile constituent encore un quart de la flotte mondiale mais sont surtout utilisés pour des itinéraires où les relais de charbon sont insuffisants ; la guerre– sous-marine notamment – leur sera fatale, en raison de leur lenteur.

1876 : premier voyage du *Frigorifique*

En 1876, le *Frigorifique* (« qui fait du froid », en latin) est le premier navire doté d'un système permettant de conserver une cargaison autrement que par salage ou fumage. Six ans plus tard, le clipper *Dunedin*, équipé d'une machine à air comprimé, relie la Nouvelle-Zélande à Londres en cent jours avec une cargaison de viandes et de beurre congelés. Le voyage s'avéra rentable : le transport frigorifique devient alors courant. Dès 1902, les Lloyd's, la grande compagnie d'assurances maritimes, recensent pas moins de 460 navires frigorifiques dans le monde ; les importations anglaises de viande congelée atteignent 360 000 tonnes, dont les deux tiers viennent d'Argentine – elles doubleront dès 1910, et tripleront en 1935. Les pays « neufs » d'Amérique latine connaissent alors un boom économique.

☛ VOIR AUSSI

1843 : Le *Great Britain*
1869 : Le canal de Suez
1968 : La maritimisation de l'économie

1869

LE CANAL DE SUEZ

Le 17 novembre 1869 a lieu l'inauguration officielle du canal reliant Méditerranée et mer Rouge à travers l'isthme de Suez, en présence de l'épouse de Napoléon III.

C'est en effet un ingénieur français, Ferdinand de Lesseps, qui a conçu et mené à bien les travaux en dix ans seulement. Le relief plat, ne nécessitant aucune écluse, et la distance relativement faible (160 kilomètres à vol d'oiseau) ont facilité cette réalisation qui témoigne de l'essor des échanges, des progrès de la marine à vapeur, mais aussi des idéaux des saint-simoniens (groupe intellectuel dont faisait partie Lesseps et qui voyait dans la Méditerranée le « lit nuptial de l'Orient et de l'Occident », selon les mots de Michel Chevalier, ministre du Second Empire). Pourtant, dans son histoire, le canal de Suez fut au moins autant prétexte et enjeu de tensions géopolitiques que vecteur d'amitié entre les peuples.

En 1875, les Anglais rachètent à l'Égypte ses parts du canal et lui imposent un protectorat (1878-1922) pour veiller sur ce maillon essentiel de la « route des Indes ». En 1956, la nationalisation du canal par le président égyptien Nasser manifeste la fin de l'ordre colonial désormais supplanté par le duopole américano-soviétique, qui met fin à l'expédition militaire franco-britannique. Durant les guerres entre Israël et l'Égypte, le canal est à la fois barrière et enjeu : miné et obstrué par des épaves, il est fermé entre 1967 et 1975.

Doublé depuis 1977 par l'oléoduc SUMED (Suez-Méditerranée), le canal est régulièrement approfondi et élargi pour tenir compte de l'augmentation de la taille des navires : il admet aujourd'hui des navires de 22 mètres de tirant d'eau et d'environ 240 000 tonnes de port en lourd (poids maximal de la cargaison). Depuis 2015, l'ouverture d'un tronçon parallèle permet le parcours à double sens sur plus de 100 kilomètres (sur 193), ramenant à une dizaine d'heures le temps de traversée et doublant sa capacité. Près de 50 navires l'empruntent chaque jour, dont 45 % transportent des hydrocarbures et des minerais pour un trafic annuel global de près d'un milliard de tonnes (environ 10 % des échanges mondiaux). En mars 2021, le porte-conteneurs *Ever Given*, de 400 mètres de long, s'est bloqué en travers du canal, interdisant tout trafic pendant six jours et perturbant l'économie mondiale. Le canal est la troisième source de devises de l'Égypte, qui en tire plus de 4,3 milliards d'euros par an.

Les géants des mers

L'essor des exportations de pétrole du Moyen-Orient après 1945 poussa au gigantisme des pétroliers. Ce phénomène a été accentué par la fermeture du canal de Suez en 1967, obligeant les navires à contourner l'Afrique. Les compagnies commandèrent alors des superpétroliers de plus de 300 000 tonnes pour rentabiliser chaque trajet. Les plus grands sortiront de Saint-Nazaire, seul site européen doté des installations nécessaires (forme d'assemblage de plus de 400 mètres de long), entre 1976 et 1979 : c'est la série des quatre *Batillus* de 550 000 tonnes, obsolètes à peine entrés en service, du fait du coût du carburant et de la réouverture de Suez. De fait, trois d'entre eux seront désarmés après moins de 10 ans de service, au lieu de la durée de vie habituelle de 20 à 25 ans.

☛ VOIR AUSSI

1866 : La grande course du thé
1905 : Le passage du Nord-Ouest
1936 : Les détroits turcs
1968 : La maritimisation de l'économie

Une liaison entre le Nil et la mer Rouge existait dès l'époque pharaonique. Abandonnée après Ramsès II, réhabilitée par Darius puis les Ptolémée, elle resta active jusqu'à sa destruction au VIIIe siècle de notre ère. Il fallut attendre plus de onze siècles pour revoir des navires traverser le désert.

1869

LES NODULES POLYMÉTALLIQUES

En 1869, le capitaine Nemo affirme, dans *20 000 lieues sous les mers* : « Il existe au fond des mers des mines de zinc, de fer, d'argent, d'or, dont l'exploitation serait très certainement praticable. »

Jules Verne n'avait pas inventé l'information : l'année précédente, une expédition suédoise avait découvert des concrétions métalliques en mer de Kara (au nord de la Russie). La campagne scientifique du *Challenger*, de 1872 à 1876, confirma cette découverte et collecta des « nodules de manganèse » dans la plupart des océans. Ces nodules polymétalliques sont des concrétions vaguement ovoïdes, généralement de 5 à 10 centimètres de diamètre, qui couvrent certaines régions des plaines abyssales entre 2 000 et 6 000 mètres de profondeur. Ils se sont formés par l'accumulation lente de minéraux autour d'un noyau, au rythme de quelques millimètres par million d'années. Ils sont riches en manganèse, mais aussi en fer, nickel, cobalt, etc.

Il existe dans les océans d'autres types de minerais. Les flancs de volcans sous-marins sont parfois couverts d'encroûtements riches en oxydes de fer et de manganèse, avec du cobalt, du nickel et du cuivre. Contrairement aux nodules, ils sont solidement fixés au fond. Ils sont abondants dans les océans Pacifique et Indien. Des sulfures, riches en soufre, en zinc et en cuivre, sont liés aux sources hydrothermales.

Le submersible pour plongée profonde (île Cocos, Costa Rica) explore un champ de nodules riches en fer et manganèse (Atlantique nord-est, 5 300 mètres de profondeur).

Depuis les années 1960, les industriels ont marqué leur intérêt pour ces ressources minières, surtout pour le cobalt, le nickel ou les terres rares, des éléments indispensables dans les matériels informatiques. La masse totale des nodules atteindrait 500 milliards de tonnes, mais seule une fraction de cette masse serait exploitable. Pour présenter un intérêt économique, il faut en effet que les nodules soient suffisamment concentrés et situés dans des zones relativement planes. De nombreuses expéditions océanographiques ont été consacrées à la cartographie des zones les plus riches.

Une exploitation à haut risque

Ces minerais étant situés à plusieurs milliers de mètres de profondeur, il faut en piloter l'exploitation depuis la surface. Pour les nodules simplement posés sur le fond, on a imaginé de gigantesques aspirateurs prolongés de tuyaux qui les feraient parvenir en surface. Pour les encroûtements, des engins de plusieurs centaines de tonnes aplaniraient le terrain pour permettre l'action des broyeuses et des pompes aspirantes. Cependant, ces techniques entraîneraient une disparition complète de la faune. Les compagnies minières et les États se bousculent pour obtenir des concessions, mais l'opposition à toute exploitation devient de plus en plus forte, surtout depuis la signature du Traité international de protection de la haute mer (BBNJ).

☛ VOIR AUSSI

1808 : La vie dans les abysses
1977 : Les sources hydrothermales
2023 : Signature de la BBNJ

1872

L'EXPÉDITION DU *CHALLENGER*

C'est au XIXe siècle que les grandes nations européennes lancent les premières expéditions scientifiques d'étude du milieu océanique. Pour les spécialistes du zooplancton, des volcans sous-marins ou des cyclones, l'expédition du *Challenger* symbolise à elle seule la naissance de la science qui réunit leurs disciplines : l'océanographie.

La description et l'étude des océans sont indissociables des observations des auteurs de l'Antiquité et des grandes expéditions des siècles passés. Au XIXe siècle, cette étude gagne en précision avec les relevés de température effectués par les navires marchands ou la pose des premiers câbles transatlantiques, qui révèlent la diversité des reliefs sous-marins. Mais pour les océanographes, c'est la grande expédition du *HMS Challenger*, de 1872 à 1876, qui marque la naissance de leur science.

Ce navire est à l'origine un bâtiment militaire, une corvette à trois mâts assistée par un moteur à vapeur, empruntée à la Royal Navy par la Royal Society of London, l'académie des sciences anglaise. Les canons sont remplacés par du matériel scientifique : dragues, chaluts, sondeurs, thermomètres et microscopes, ainsi que des milliers de flacons remplis d'alcool destinés à préserver les animaux récoltés. À son bord, 243 marins et scientifiques vont effectuer un voyage de près de 69 000 milles marins (127 000 kilomètres). Le navire est commandé par le capitaine anglais George Nares, et les recherches sont dirigées par le zoologiste écossais Charles Wyville Thomson.

Les principaux objectifs des chercheurs consistent à cartographier les reliefs sous-marins et les masses d'eau profondes, afin d'en mieux comprendre la circulation, et à étudier la vie abyssale. Ils réalisent ainsi des mesures systématiques des variations de la température de l'eau en fonction de la profondeur, prélèvent des échantillons d'eau et de sédiments et capturent des milliers d'animaux. Ce travail aboutit à la réalisation de cartes détaillées des courants marins et à l'identification de 4 700 nouvelles espèces, principalement des animaux abyssaux jusqu'alors à peu près inconnus. Au cours des 20 années qui suivent son retour en Angleterre, les résultats de l'expédition du *Challenger* sont publiés en une cinquantaine de volumes. Au tournant du siècle, l'océanographie est devenue une discipline scientifique à part entière, avec des expéditions lancées par de nombreux autres pays et la création d'institutions comme le Musée océanographique de Monaco ou l'Institut océanographique de Paris, par le prince Albert Ier de Monaco.

Les sciences des océans

L'océanographie, également appelée « océanologie », fait appel aux données et aux méthodes de nombreuses autres disciplines : biologie, géologie, physique des fluides, chimie, météorologie, et même astronomie. C'est cette association de scientifiques provenant de divers horizons qui sera à l'origine de la théorie de la tectonique des plaques, modèle explicatif des mouvements des continents à la surface du globe. C'est encore elle qui, aujourd'hui, insiste sur le rôle essentiel des océans dans la régulation du climat mondial et son importance pour la compréhension du dérèglement climatique en cours.

☛ VOIR AUSSI

1698 : Halley invente l'expédition scientifique

1956 : *Le Monde du silence*

1960 : Plongée dans les abysses

Le *HMS Challenger* photographié sur un dock, au Japon, durant l'expédition scientifique menée à son bord.

1881

AR MEN, « ENFER DES ENFERS »

Il a fallu quatorze ans (1867-1881) pour construire ce phare sur un simple rocher (« men » en breton) au bout de la chaussée de Sein, un endroit bien mal « pavé » malgré son nom.

La chaussée de Sein est située dans le prolongement de l'île du même nom et de la pointe du Raz. C'est une zone de hauts-fonds, à l'ouest de la Bretagne, qui marque la limite sud de la mer d'Iroise. La construction d'un phare y fut laborieuse en raison des violentes tempêtes qui balaient régulièrement la zone. Dominant la mer de plus de 30 mètres, Ar Men porte à 21 milles marins (près de 40 kilomètres). À titre de comparaison, le plus haut phare d'Europe, celui de l'île de la Vierge, mesure 80 mètres pour une portée de 27 milles (50 kilomètres), et le plus puissant, celui du Créac'h sur Ouessant, porte à 32 milles (60 kilomètres), du haut de ses 70 mètres. Chaque phare (ou balise) a sa propre « signature » visuelle (rythme, feu à éclats ou à occultations, couleurs différentes) aussi bien que sonore, qui permet de l'identifier sur une carte.

Dans une classification professionnelle officieuse, les gardiens appelaient les phares continentaux « Paradis » et les phares isolés sur des îles « Purgatoire » ; les phares accrochés sur des cailloux constituaient l'Enfer, et Ar Men était « l'enfer des Enfers », car le ravitaillement et les relèves, prévus tous les quinze jours, n'avaient pas toujours lieu au jour dit. Plusieurs gardiens furent emportés par la mer lors de leur garde. La vie des équipes de gardiens, composées en général de deux ou trois personnes, était propice aux mésaventures, voire aux légendes. La plus terrible

Le phare d'Ar Men par gros temps. Il est évidemment impossible d'y accéder dans de telles conditions, et le garde-corps de la plateforme est une protection bien dérisoire. Avant son automatisation en 1990, trois puis deux gardiens y séjournaient en permanence. Il a été classé monument historique en 2017 (voir cahier couleurs, p. X).

est la disparition, en décembre 1900, d'une équipe de trois gardiens expérimentés du phare d'Eilean Mor, la plus grande des îles Seven Hunters, ces cailloux isolés annonciateurs de la forêt rocheuse des îles Hébrides et de l'Écosse : leur journal de bord s'interrompt après avoir consigné pendant trois jours les effets menaçants d'une terrible tempête… que personne n'a remarquée dans ces parages. Que sont-ils devenus ? Nul ne le sait ni n'est parvenu à expliquer la dernière phrase écrite sur ce journal : « Dieu est au-dessus de tout ».

Le phare d'Alexandrie

Alexandrie était un port majeur de l'Antiquité, l'un des rares dotés d'une tour de signaux pour guider les navires, achevée sous le règne de Ptolémée II, au début du IIIe siècle avant notre ère. Répertoriée dans la liste plus ou moins arbitraire des « sept merveilles du monde », la tour, située sur l'île de Pharos, d'où vient le mot « phare », a été détruite par un tremblement de terre en 1303. Sa redécouverte est l'un des chantiers majeurs de l'archéologie sous-marine, sous la direction de Jean-Yves Empereur, créateur du Centre d'études alexandrines. Plus de 3 000 blocs ont été répertoriés et parfois remontés depuis les années 1990. Le phare est le seul des grands monuments de l'antique Alexandrie dont on ait retrouvé des vestiges à ce jour, à la différence de la grande bibliothèque d'Alexandrie ou du tombeau d'Alexandre le Grand.

☛ VOIR AUSSI

1488 : Le cap de Bonne Espérance
1606 : Le baptême du cap Horn
1828 : Les vagues scélérates
1865 : La Société nationale de sauvetage en mer
1912 : Le naufrage du *Titanic*
2013 : Le super typhon *Haiyan*

1891

LES ANIMAUX-PLANTES

Le ver plat de Roscoff est connu depuis 1891, année de sa description par le zoologiste autrichien Ludwig von Graff. Celui-ci reconnut sa principale originalité : sa nature mi-animale, mi-végétale.

La situation de ce ver (*Symsagittifera roscoffensis,* de son nom scientifique) dans l'arbre du vivant est encore discutée, bien qu'il ait été intégré récemment à l'embranchement des Xénacoelomorphes, des animaux de petite taille à l'anatomie assez simple et dépourvus de véritable tube digestif. Le ver de Roscoff n'en a de toute façon pas réellement l'utilité puisque tous ses besoins nutritionnels sont assurés par l'association qu'il réalise avec des algues microscopiques. Ces algues, nommées *Tetraselmis*, sont installées à demeure dans son épiderme.

Ce ver de 4 à 5 mm de long forme des colonies de plusieurs millions d'individus qui vivent sur les plages de la Manche et de l'Atlantique, dans la zone découverte à marée basse. Il évolue dans une mince couche d'eau, en pleine lumière. Les algues qu'il contient sont le siège d'une intense photosynthèse. Grâce au rayonnement solaire, elles synthétisent des sucres à partir du CO_2 dissous dans l'eau. Les algues fournissent au ver une partie de la nourriture ainsi produite, ainsi que l'oxygène qu'elles rejettent lors de la photosynthèse. S'agit-il d'une exploitation des algues par le ver ou d'une véritable symbiose, une association à bénéfices mutuels pour les deux partenaires ? Les avantages réels perçus par les deux espèces restent à définir avec précision.

La limace marine *Elysia viridis* pousse plus loin l'ambiguïté animal-végétal. Au début de son existence, elle se nourrit d'algues vertes qu'elle digère partiellement. Elle préserve en effet les chloroplastes, les structures qui contiennent la chlorophylle, qu'elle intègre aux cellules de son tube digestif. Elle fait ensuite fonctionner ces petites centrales photosynthétiques qui produisent des sucres alimentaires, comme elles le feraient dans les algues. Pendant quelques mois, *Elysia* serait alors capable de ne vivre que de lumière et d'eau fraîche… et d'énergie solaire !

La richesse de l'estran

L'estran est la zone de balancement des marées. Les animaux qui y vivent sont deux fois par jour privés d'eau, leur assèchement étant souvent aggravé par l'action directe du soleil et du vent. Ceux qui se sont réfugiés dans des cuvettes contenant de l'eau subissent d'importantes variations de température et de salinité selon les effets de la pluie ou du soleil. Pourtant, toutes les espèces qui occupent l'estran supportent bien ces conditions de vie. Certaines d'entre elles ne pourraient d'ailleurs pas vivre en permanence dans l'eau. Elles se partagent l'espace en fonction de leur tolérance à la chaleur ou à la sécheresse. L'estran est un milieu extrêmement riche qui profite de la multiplication rapide des microalgues et qui en retour nourrit une faune abondante d'oiseaux (à marée basse) et de poissons (à marée haute).

☛ VOIR AUSSI

1793 : Marées rouges, vertes et blanches
1997 : La mangrove des Sundarbans
2015 : Les marées

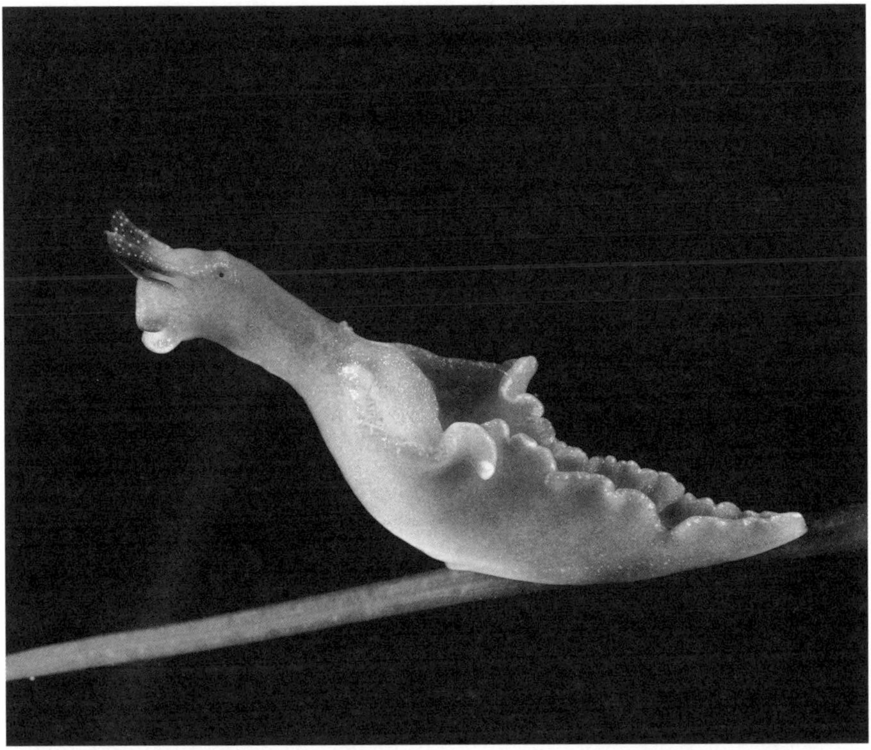

La limace de mer *Elysia viridis* doit sa couleur verte à la chlorophylle des algues dont elle se nourrit.

1904

LE ZOOPLANCTON

En 1904, le biologiste allemand Ernst Haeckel publie l'ouvrage *Les formes artistiques de la nature* dans lequel le grand public découvre la diversité des organismes planctoniques, par exemple les extraordinaires squelettes siliceux des radiolaires.

Le zooplancton, ou plancton animal, est constitué de l'ensemble des animaux aquatiques qui vivent en suspension dans l'eau, se laissant entraîner par les courants. La plupart d'entre eux sont microscopiques, par exemple les radiolaires, formés d'une cellule unique, mais on y intègre aussi les méduses, qui peuvent atteindre un mètre de diamètre. Le plancton comprend un grand nombre de groupes zoologiques différents, comme les crustacés, les mollusques ou les chétognathes (ou flèches de mer). Il inclut également les larves de crabes, d'oursins ou de poissons qui vivent quelques temps en pleine eau avant de se laisser tomber au fond de la mer.

Certaines de ces espèces sont herbivores, se nourrissant des microalgues du phytoplancton (ou plancton végétal). Elles sont capables d'effectuer des migrations verticales de plusieurs centaines de mètres, montant brouter les algues la nuit, lorsque les prédateurs sont moins actifs, et passant la journée en profondeur. D'autres espèces sont carnivores et chassent activement les animaux plus petits. Toutes servent de nourriture aux espèces les plus grandes, aussi bien les poissons ou les calmars que les coquillages filtreurs vivant au fond.

La connaissance du zooplancton a beaucoup progressé avec la mise au point de nouvelles techniques d'observation.

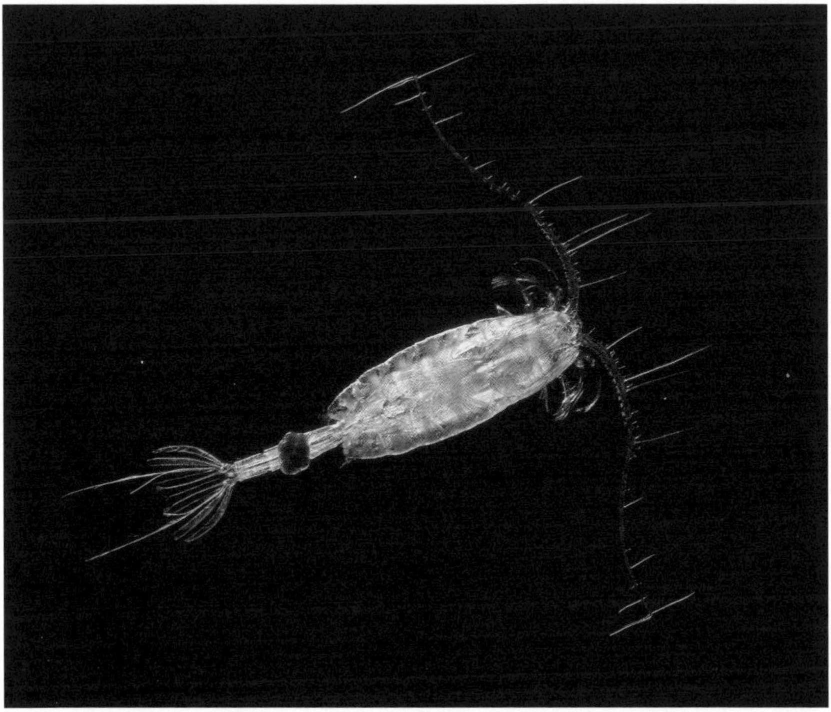

Copépode *Paraeuchaeta* portant un sac d'oeufs sur la queue (longueur 6 mm).

Les classiques filets à plancton donnent en effet une image biaisée de sa composition car ils sous-estiment les organismes les plus fragiles. Des prises de vues sous-marines effectuées lors de l'expédition du voilier *Tara*, de 2009 à 2013, ont ainsi révélé qu'au moins un tiers de la masse du zooplancton est représentée par les rhizaires, le groupe d'organismes unicellulaires dont font partie les radiolaires.

Les insectes de la mer

Au sein du zooplancton, les crustacés jouent un rôle essentiel dans l'écosystème océanique, à tel point qu'on les surnomme les « insectes de la mer ». Ainsi, on connaît aujourd'hui plus de 14 000 espèces de copépodes, qui mesurent souvent moins d'un millimètre. De même, le krill est constitué de crustacés ressemblant à des crevettes, les euphausiacés, qui forment des essaims de milliards d'individus. On les trouve partout dans le monde, mais ils sont particulièrement abondants dans les eaux antarctiques, où leur production annuelle atteint 4 à 500 millions de tonnes. Le krill nourrit des quantités d'animaux marins comme les manchots, les poissons, les calmars ou les baleines. Il fait aussi l'objet d'une pêche intense destinée à l'alimentation animale ou humaine.

☛ VOIR AUSSI

1793 : Marées rouges, vertes et blanches
2009 : *Tara*

1905

LE PASSAGE DU NORD-OUEST

Le passage entre Atlantique et Pacifique par le nord du continent américain est découvert par l'explorateur norvégien Roald Amundsen. Une future « autoroute maritime » ?

Dès le XVIe siècle, l'intuition de l'existence de ce passage pousse de nombreux navigateurs à le chercher dans le dédale d'îles prolongeant les côtes canadiennes, entre la mer du Labrador à l'est et la mer de Beaufort à l'ouest. Mais l'extension de la banquise jusqu'au continent durant le « mini-âge glaciaire » (du XIVe au XIXe siècles) décourage les plus grands explorateurs (Cabot, Hudson, Cook, etc.).

Né en 1872 près d'Oslo, Roald Amundsen, est le fils d'un officier de marine devenu armateur. Passionné par les pôles, il participe entre 1897 et 1898 au tout premier hivernage dans l'Antarctique à bord de la *Belgica*. En 1903, il embarque avec six hommes à bord du *Gjøa*, un petit cotre de pêche de 20 mètres déplaçant moins de 50 tonnes qu'il a muni d'un moteur. Après un hivernage de deux ans près de l'île du Roi-Guillaume, au nord du Canada, à mi-chemin entre les deux océans, il achève le franchissement d'est en ouest à l'été 1905. Il devient alors un héros national de la Norvège tout juste indépendante.

Peu de navires ont imité Amundsen par la suite : son itinéraire comporte des zones de hauts-fonds, dans le détroit de Dease, qui le rendent impraticable pour les navires de commerce. D'autres passages, notamment par le détroit de McClure, offrent des profondeurs plus accessibles, mais à des latitudes plus élevées où la fonte de la banquise est aléatoire, même en été. De plus, les conditions de navigation (courants, marées) sont mal connues et la zone est dépourvue de tout équipement d'assistance et de sécurité (balisage, bases de remorqueurs, port de relâche, etc.). Même s'il s'agit d'un raccourci (14 000 kilomètres entre Londres et Yokohama, au lieu de 21 000 par Suez et 23 000 par Panama ; 17 000 kilomètres entre New York et Shanghai au lieu de presque 21 000 par Panama), il y a donc peu de chances que le passage du Nord-Ouest devienne une autoroute maritime dans un avenir proche.

Le naufrage du *Pourquoi Pas ?*

Jean-Baptiste Charcot (1867-1936) est issu d'une famille de médecins. À ses proches qui s'étonnaient de sa vocation d'officier de Marine, il répondait immanquablement : « Pourquoi pas ? » Ce fut donc le nom des quatre navires avec lesquels il effectua deux expéditions dans l'Antarctique – où il découvrit notamment une île baptisée « Terre de Charcot » en l'honneur de son père, le grand neurologue Jean-Martin Charcot –, et neuf dans l'Arctique. Il fut l'un des pionniers de l'exploration polaire, comme Peary, Amundsen, Shackleton, Scott, Cook ou encore Nansen. C'est après avoir ravitaillé le jeune Paul-Émile Victor au Groenland que le *Pourquoi Pas ? IV* fut pris le 16 septembre 1936 dans un ouragan de force 12 et fit naufrage sur la côte ouest de l'Islande, entraînant la mort de quarante personnes, dont celui qu'on surnommait le « gentleman des pôles ».

☛ VOIR AUSSI

2007 : L'Arctique, nouvelle frontière

Malgré la fonte de la banquise, l'assistance de navires brise-glaces est souvent nécessaire dans l'océan Arctique – la Russie, équipée de navires géants à propulsion nucléaire, est nettement en avance sur le Canada sur ce plan. En septembre 2018, deux paquebots de croisière français ont dû renoncer à franchir le passage.

Exploitation

Après la révolution néolithique, il y a quelque dix millénaires, marquée par l'invention de l'agriculture, la révolution industrielle est sans doute l'étape la plus marquante de l'évolution des civilisations humaines : elle donne à notre espèce, pour le meilleur et pour le pire, une capacité de transformation et d'exploitation de son environnement sans précédent et sans équivalent, culminant avec le développement des villes, un milieu de vie totalement artificialisé. La navigation ne reste pas à l'écart de ces bouleversements : les navires, construits en acier, mus par la force de la vapeur, sont de plus en plus grands, de plus en plus rapides, de plus en plus robustes. Le XXe siècle voit l'amélioration des techniques de pêche et d'exploration, qui deviennent toujours plus efficaces, et donc prédatrices ; les premières alertes apparaissent aussi, car si l'océan est immense, il n'est pas infini et ses ressources ne sont pas inépuisables.

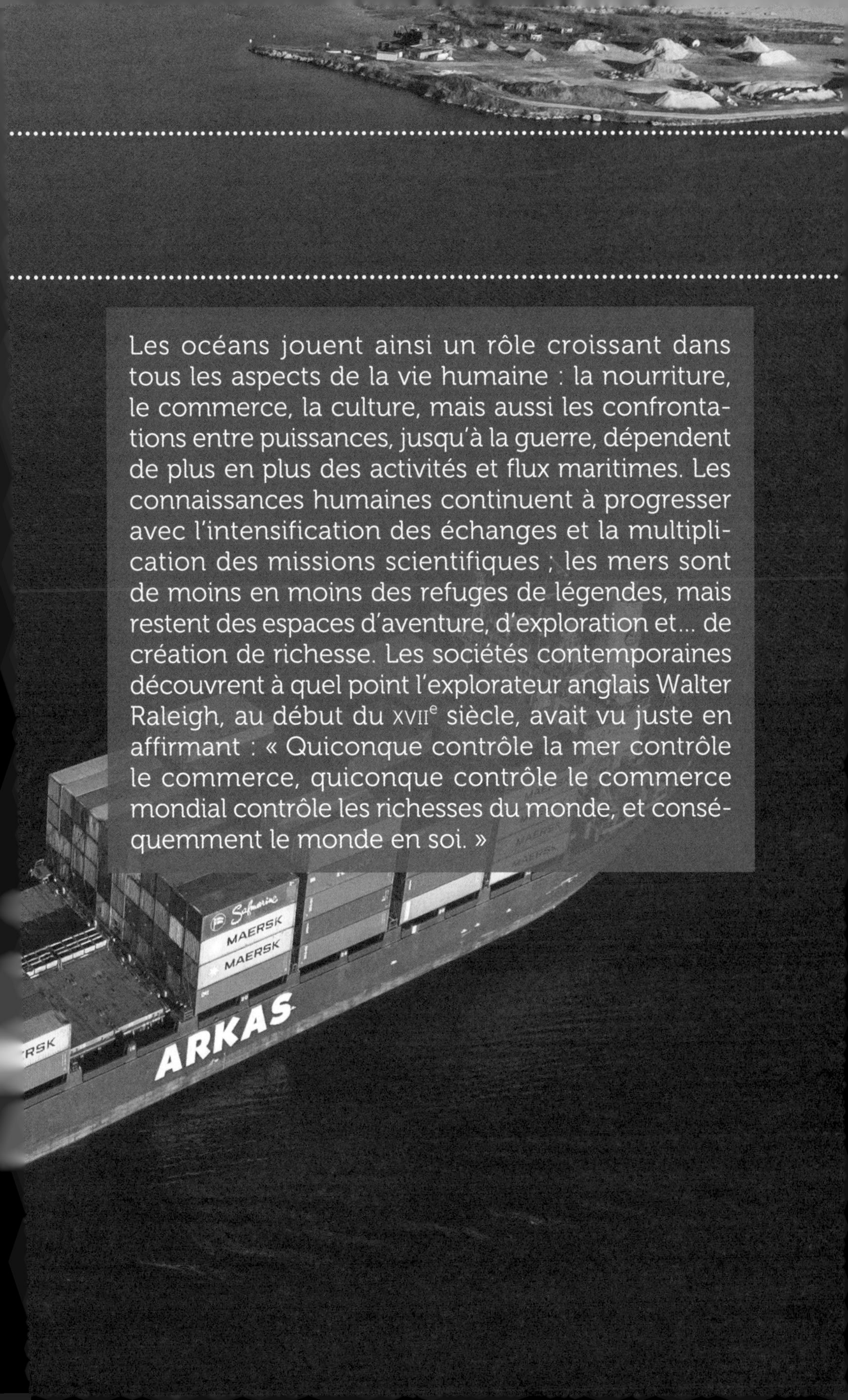

Les océans jouent ainsi un rôle croissant dans tous les aspects de la vie humaine : la nourriture, le commerce, la culture, mais aussi les confrontations entre puissances, jusqu'à la guerre, dépendent de plus en plus des activités et flux maritimes. Les connaissances humaines continuent à progresser avec l'intensification des échanges et la multiplication des missions scientifiques ; les mers sont de moins en moins des refuges de légendes, mais restent des espaces d'aventure, d'exploration et... de création de richesse. Les sociétés contemporaines découvrent à quel point l'explorateur anglais Walter Raleigh, au début du XVIIe siècle, avait vu juste en affirmant : « Quiconque contrôle la mer contrôle le commerce, quiconque contrôle le commerce mondial contrôle les richesses du monde, et conséquemment le monde en soi. »

1911

LE RETOUR DE LA LOUTRE DE MER

Le premier traité international mentionnant la protection intégrale d'une espèce animale est signé en 1911. Il concerne la loutre de mer, qui était alors proche de l'extinction.

Jusqu'au XVIIIe siècle, la loutre de mer occupe une grande part du littoral du Pacifique Nord, du Japon à la Californie. Ce petit carnivore mène une vie presque exclusivement marine, se nourrissant de crabes, d'oursins et de coquillages qu'il récolte en plongeant dans les forêts d'algues, jusqu'à 40 mètres de profondeur. Vers 1750, les trappeurs russes et américains commencent à les capturer : leur fourrure est très recherchée pour son épaisseur et sa qualité. Les populations de loutres diminuent rapidement, jusqu'à disparaître d'une grande partie de leur ancienne aire de répartition.

On estime que sur plusieurs centaines de milliers de loutres, il en restait moins de 2 000 au début du XXe siècle. Le traité signé par les États-Unis, la Russie, le Japon et la Grande-Bretagne avait surtout pour objet la répartition des droits de chasse des phoques. La loutre de mer n'offrait de leur point de vue plus aucun intérêt commercial, du fait de sa quasi-disparition. Grâce à cette protection, les loutres ont pu reconstituer leurs effectifs (mais restent aujourd'hui menacées par la pollution).

D'autres espèces marines n'ont pas eu cette chance. Ainsi, les marins n'ont-ils pu observer les grands pingouins que jusqu'en 1844, date présumée de la mort du dernier individu de cette espèce. Il s'agissait de pingouins de l'Atlantique Nord qui,

Les loutres de mer plongent pour chercher des crabes ou des coquillages qui vivent au fond de l'eau. Elles remontent souvent aussi un caillou avec lequel elle brise les carapaces et les coquilles.

comme les manchots de l'hémisphère Sud, étaient d'excellents plongeurs mais ne pouvaient voler. Autre disparu, la rhytine de Steller, un lamantin géant du Pacifique Nord, pêché pour sa graisse jusqu'au XVIIIe siècle.

Aujourd'hui encore, beaucoup d'espèces marines sont menacées de disparition à brève échéance, qu'il s'agisse des requins dont les ailerons sont consommés, de coquillages destinés aux collectionneurs ou de marsouins accidentellement capturés par les filets dérivants.

La sixième extinction

Les espèces marines sont confrontées aux mêmes difficultés que les espèces terrestres : réduction des espaces sauvages, pollution, surexploitation du milieu, réchauffement climatique, etc. Elles disparaissent à une fréquence rarement atteinte au cours de l'histoire de la Terre, à tel point que les biologistes parlent de « sixième extinction », comparant la situation actuelle aux extinctions de masse du passé, comme celle qui a provoqué la disparition des dinosaures, il y a 66 millions d'années.

☛ VOIR AUSSI

1 500 avant notre ère : Des dauphins et des Hommes
1982 : La chasse à la baleine
2015 : Le blanchiment des coraux
2017 : Les aires marines protégées

La côte ouest de la Norvège, entaillée de milliers de fjords qui pénètrent parfois jusqu'à plusieurs centaines de kilomètres dans les terres, est l'une des plus découpées au monde. Le rocher Trolltunga (« langue de troll »), proche du Sørfjorden, surplombe de 700 mètres... un lac, qui mériterait d'être un fjord !

Le trajet du Gulf Stream et de la dérive nord atlantique est ici rendu visible en utilisant les différences de température des eaux de surface – dans un océan à moins de 13 °C, les volutes montrent des zones approchant les 20 °C, voire près de 30 °C près de la Floride.

Venise au XVIIIe siècle. On reconnaît (de droite à gauche) les coupoles de Saint Marc et son campanile, le dôme de Santa Maria della Salute et San Giorgio Maggiore. Le tableau de Francesco Guardi (1712-1793) représente le *Bucentaure*, nom venant probablement du *bucio*, type de navire vénitien à rames, contracté avec *di oro*, qui signifie « [couvert] d'or ».

L'*Atlas* de Mercator a beau être le plus précis de son époque, il comporte de nombreuses approximations, comme son pôle Nord rocheux cerné de quatre grandes îles montagneuses – il n'y a aucune terre au nord du Groenland.

Cette huile sur toile d'école flamande, contemporaine de l'événement, montre bien la confusion et l'entassement des quelque 400 navires qui s'affrontent dans un espace resserré, lors de la bataille de Lépante.

Floraison printanière de la microalgue *Emiliania*, dans le golfe de Gascogne.

Louis Garneray, le peintre de cette huile sur toile représentant la prise du *Kent* par Surcouf sur la *Confiance* (golfe du Bengale), y a lui-même participé, et a bien rendu la disproportion entre la frégate française de 24 canons et l'indiaman, qui en alignait 38 et comptait trois fois plus d'hommes.

Comme beaucoup d’espèces abyssales, la hache d’argent (*Argyropelecus aculeatus*) est bioluminescente. Ses flancs émettent une lumière d’origine chimique qui estompe sa silhouette dans l’infime luminosité provenant de la surface.

L'œil gauche du calmar-bijou (*Histioteuthis arcturi*) est tourné vers les profondeurs obscures. Le droit, deux fois plus gros, épie les silhouettes qui se détachent sur la faible luminosité de la surface.

Le phare d'Ar Men par gros temps. Il est évidemment impossible d'y accéder
dans de telles conditions, et le garde-corps de la plateforme est une protection bien dérisoire.
Avant son automatisation en 1990, trois puis deux gardiens y séjournaient en permanence.
Il a été classé monument historique en 2017.

Loin de la capacité des mastodontes les plus récents, la taille moyenne des porte-conteneurs est inférieure à 5 000 EVP – équivalant à 20 pieds - comme celui-ci. Les conteneurs sont rangés le long de « rails », depuis le fond de la coque jusqu'à la hauteur de la passerelle de navigation. Sur cette photo, on voit des conteneurs de 20 et de 40 pieds.

La mangrove des Sundarbans est parcourue de multiples canaux
où se mêlent eaux douces et eau de mer.

L'Arctique en été. Le Groenland se détache bien (à droite), et la banquise (en bleu clair) recule davantage le long des côtes russes (en haut) que le long des côtes canadiennes. Le nom « arctique » vient d'un mot grec signifiant « ours », en référence aux constellations de la Grande et de la Petite Ourse, situées au Nord.

L'ouragan Florence, en septembre 2018, photographié depuis la Station spatiale internationale (ISS) par l'astronaute Alexander Gerst. Le cyclone, dont on aperçoit clairement l'œil, avait atteint la catégorie 4 (sur 5) et 600 km de diamètre avant de rétrograder en tempête tropicale en touchant les États-Unis.

Les Maldives côté pile : eaux turquoise, plages immaculées, atolls isolés ; le paradis pour touristes.

Corail blanchi ayant expulsé les algues symbiotiques qui le coloraient.

1912

LE NAUFRAGE DU *TITANIC*

Orgueil de la compagnie White Star Line, le *Titanic* heurte un iceberg lors de son voyage inaugural dans la nuit du 14 au 15 avril 1912 et coule, entraînant la mort de plus de 1 500 personnes. Si d'autres naufrages furent plus meurtriers, celui du *Titanic* reste le plus célèbre de l'histoire.

Les incertitudes autour du sauvetage des passagers du *Titanic* ont ajouté une dimension tragique à l'événement. En effet, le navire le plus proche n'est pas celui qui est venu aider les naufragés, alors qu'il aurait pu être sur les lieux en moins de deux heures. Il s'agissait d'un petit paquebot, le *Californian*, qui voyageait à vide sur la même route et en avant du *Titanic*, mais qui s'était arrêté pour la nuit après s'être retrouvé devant un champ de glaces. Son opérateur radio était allé dormir après avoir signalé le danger, et si le personnel de quart a bien aperçu un navire lançant des fusées avant de disparaître, il ne s'agissait probablement pas du paquebot en perdition qui se trouvait à plus de 20 milles marins (près de 40 kilomètres), hors de vue de la passerelle du *Californian*.

C'est donc le *Carpathia*, autre paquebot alors en route pour Gibraltar et la Méditerranée, qui capta *in extremis* les appels du *Titanic* peu après minuit – son opérateur radio était aussi sur le point d'aller se coucher – et se déroute, alors qu'il était à quelque 60 milles du lieu du naufrage (une centaine de kilomètres). Son commandant, Arthur Rostron, en poste depuis trois mois, poussa les machines au maximum et parvint à frôler les 18 nœuds, alors que sa vitesse maximale était prévue pour

14 nœuds. Il lui fallut près de quatre heures pour gagner le lieu du naufrage, où il arriva peu après quatre heures du matin, rejoint une heure et demie plus tard par le *Californian*, enfin informé par un autre navire. N'étant occupé qu'au tiers de sa capacité, le *Carpathia* recueillit la totalité des 705 rescapés puis fit route vers New York, où il accosta au matin du 18 avril. Arthur Rostron fut traité en héros, recevant notamment la Médaille d'or du Congrès, contrairement à Stanley Lord, le commandant du *Californian*, dont la carrière fut brisée, sans doute injustement. Après la Première Guerre mondiale, Rostron commanda le prestigieux *Mauretania*, détenteur du « Ruban bleu » (récompense attribuée au navire le plus rapide du monde) de 1909 à 1929 – un record. Le *Carpathia*, lui, avait fini sa carrière en juillet 1918, au sud de l'Irlande, torpillé par un sous-marin allemand ; les seules victimes furent les cinq marins tués par l'impact de la torpille.

Save our souls

L'opérateur radio du *Titanic*, Jack Phillips, a envoyé deux types de messages de détresse en alphabet morse : le code « CQD », couramment utilisé par les radios britanniques, et le code « SOS », entré en vigueur en 1908 et utilisé pour la première fois en 1909 par le paquebot *Slavonia*, naufragé aux Açores. Ces signaux ont été choisis pour leur facilité de reconnaissance ; le « SOS », par exemple, correspond à 3 points / 3 traits / 3 points (... – – –...) mais n'a pas de signification explicite – les phrases « *send out succour* », « *save our ship* », ou la plus connue, « *save our souls* », ne sont que des correspondances mnémotechniques trouvées après coup.

☛ VOIR AUSSI

1865 : La Société centrale de sauvetage des naufragés
1881 : Ar Men, « enfer des enfers »
1944 : Le rôle des mers dans les guerres mondiales

La proue du *Titanic*, retrouvée en 1985 par une expédition franco-américaine par plus de 3 820 mètres de fond, à 650 km des côtes de Terre-Neuve.

1929

LE MILLE MARIN

Comment mesurer les distances en mer ? En faisant référence à la latitude, qui se mesure le long des méridiens. Mais ces arcs d'ellipse n'ont pas une longueur constante.

Le mille marin (ou mille, puisqu'en français cette unité n'est utilisée qu'en mer, ou encore « nautique », pour éviter la confusion avec le nombre dans les échanges radio) a d'abord été une mesure empirique, comme souvent en navigation. Il a été créé pour la navigation astronomique et correspond à la distance minimale entre deux points d'où la hauteur sur l'horizon relevée pour un astre donné diffère d'une minute angulaire. Lorsque ces deux points sont sur un même méridien, cela correspond à une minute de latitude.

Mais notre planète ne se laisse pas si facilement mettre en équation ! Sa forme n'étant pas parfaitement régulière, l'équivalence en distance d'une minute de latitude varie d'un peu plus de 1 849 mètres aux pôles à plus de 1 855 mètres à l'équateur. L'imprécision n'était pas gênante tant que l'on disposait d'instruments de navigation rudimentaires, mais l'utilisation du mille en interaction avec d'autres systèmes de mesure nécessitait un ajustement de sa valeur pour des raisons pratiques, compromettant son caractère universel : le *nautical mile* britannique valait ainsi 6 080 pieds, exactement 800 de plus que le *mile* terrestre, ce qui équivalait à un peu plus de 1 853 mètres ; alors que la France utilisait une valeur plus proche de 1 852 mètres, correspondant à une minute à hauteur du 47e parallèle (la latitude de Nantes).

Avec le développement de la cartographie et le besoin de précision des délimitations maritimes, il fallait que le mille marin ait une définition commune. La conférence de Monaco en 1929, réunissant 22 pays, fixa sa longueur à « 1 852 fois celle du prototype du mètre », ce qui est très proche de la valeur moyenne de la minute de latitude et présente l'avantage d'être rattaché à un système de mesure universel. Les États-Unis adoptèrent la nouvelle définition en 1954, le Royaume-Uni en 1970 seulement, et les conventions juridiques internationales, telles que celle de Montego Bay, utilisent désormais uniquement ce standard.

Les nœuds marins

Si la vitesse d'un navire se mesure en « nœuds » (1 nœud = 1 mille par heure) c'est à cause de l'instrument traditionnel utilisé pour l'évaluer : une corde à nœuds munie d'un lest et traînée derrière le navire pendant un temps déterminé. Ce n'est qu'un des multiples usages des nœuds à bord des navires, car les « bouts » (prononcer « boute ») sont tout à fait essentiels à l'architecture et au fonctionnement des navires à voile. De la même façon qu'un bout est nommé selon sa fonction (aussière, drisse, hauban, etc.), chaque nœud a un usage : les définitifs « serrent » en travaillant, certains se défont d'un seul geste, d'autres ménagent des boucles pour déplacer des charges, et ainsi de suite. Même les « dormants » (les parties non utilisées des cordages) doivent être correctement « lovés » sur le pont ou sur les cabillots des haubans pour éviter qu'un nœud – intempestif cette fois – ne bloque la manœuvre à un moment décisif.

☛ VOIR AUSSI

1848 : Le *Glossaire nautique*
1965 : La codification des pavillons
1982 : La Convention de Montego Bay

1935

LE *NORMANDIE* ET LE « RUBAN BLEU »

Le *Normandie* fut le symbole de l'âge d'or des liners et du raffinement à la française. Il est aussi le seul paquebot français à avoir battu le record de traversée de l'Atlantique.

Livré à la Compagnie générale transatlantique en 1935, le *Normandie* est alors le plus grand paquebot jamais construit, avec 314 mètres et plus de 80 000 tonnes de déplacement. Dès son premier voyage, il remporte le « ruban bleu », une récompense honorifique instaurée en 1838 pour distinguer le navire le plus rapide sur la traversée de l'Atlantique et matérialisée par un fanion bleu arboré au mât principal. Objet d'une compétition acharnée entre les compagnies britanniques et allemandes depuis les années 1890, le ruban est détenu par le *Rex* italien depuis 1933 quand le *Normandie* s'en empare, à près de 30 nœuds de moyenne (56 km/h). Battu par le tout nouveau *Queen Mary* de la Cunard en 1936, le *Normandie* reprend le ruban en 1937 en étant le premier navire à effectuer la traversée en moins de quatre jours, mais le perd de nouveau dès 1938. Bloqué à New York par la déclaration de guerre, il est réquisitionné par les États-Unis pour servir au transport de troupes. Mais un incendie le ravage en 1942 pendant les travaux de transformation et il chavire à cause de l'eau déversée par les pompiers.

Le dernier détenteur officiel du « ruban bleu » est le paquebot *United States*, en 1952. Pourtant, un catamaran « perce-vagues » a fait beaucoup mieux en 1998 en traversant l'Atlantique en moins de trois jours à plus de 40 nœuds de moyenne

Les aménagements intérieurs du *Normandie* étaient un modèle de luxe et de raffinement dans le style Art Déco typique de l'entre-deux guerres – ici le grand salon.

(74 km/h). Les « navires à grande vitesse » (NGV), apparus il y a plus de 60 ans et navigant entre 40 et 50 nœuds, ne sont pas rares aujourd'hui, grâce aux progrès dans la motorisation (turbines à gaz par exemple) et dans l'architecture des coques. Ce sont surtout des ferries et des navires militaires, la vitesse n'étant pas essentielle pour le transport de marchandises.

Le genre des navires

L'usage grammatical veut que le nom du navire détermine le genre de l'article qui l'accompagne : la *Cassiopée*, la *Boudeuse*, la *Belle Poule*, la *Panthère*, etc. Le masculin l'emporte pour les paquebots, sans doute par attraction du type de navire : le (paquebot) *Normandie*, ou encore le *France*. Cependant, l'attraction ne vaut pas pour les navires de guerre : bien que désignant un croiseur, tout le monde parlait de la *Jeanne d'Arc* (voire « la Jeanne » tout court). Pour les navires étrangers, le masculin est fréquemment employé, même pour les noms anglais, ce qui est doublement fautif, puisque « *ship* » est féminin (on parle ainsi de « *sister-ships* » pour des navires jumeaux) : on lit couramment le *Victory* ou le *Bounty*, alors qu'il faudrait employer « la » pour les deux.

☛ VOIR AUSSI

1843 : Le *Great Britain*
1848 : Le *Glossaire nautique*
1912 : Le naufrage du *Titanic*
2024 : Le plus grand paquebot du monde

1936

LES DÉTROITS TURCS

Le Bosphore, unique passage entre mer Noire et Méditerranée, est l'objet d'une attention particulière de la part des grandes puissances. La convention de Montreux, signée en 1936, en témoigne.

Certains détroits internationaux sont intégrés au territoire d'un seul État, c'est le cas par exemple des détroits turcs (Dardanelles et Bosphore) ou indonésiens (Sonde, Lombok, Macassar). La convention de Montego Bay, signée en 1982, a consacré le libre passage dans les détroits, y compris pour les navires de guerre, mais quelques-uns, comme Gibraltar ou le Bosphore, obéissent à des règles issues de conventions antérieures.

De tous les détroits internationaux, le Bosphore est le plus resserré (700 mètres au point le plus étroit, 1,5 kilomètre au plus large) et son tracé sinueux le rend particulièrement malcommode. Porte vers la Méditerranée pour la Russie, il fut longtemps fermé au passage des navires de guerre étrangers, l'Empire ottoman étant appuyé par le Royaume-Uni pour faire respecter cette interdiction, comme lors de la guerre de Crimée (1854-1855).

Défaite en 1918, malgré l'échec sanglant des Alliés devant les Dardanelles en 1915, la Turquie perdit le contrôle de ses détroits jusqu'à la convention de Montreux qui lui rendit une part de souveraineté. Le passage des navires de guerre étrangers et leur station dans la mer Noire sont désormais limités, les sous-marins doivent transiter en surface et les porte-avions sont interdits. La croissance du trafic – 53 000 navires par an, trois fois plus qu'à Suez – et le passage au milieu de l'agglomération d'Istanbul de produits dangereux (plus de cent millions de tonnes de produits pétroliers par an) justifient le renforcement des mesures de sécurité décidé par la Turquie. Il faut dire que le Bosphore a connu plus de 400 accidents de navigation majeurs depuis 1945, dont le naufrage du pétrolier *Nassia* en 1994, causant 26 morts et un incendie d'une semaine. En 2017, le président turc a réaffirmé son intention d'ouvrir un canal parallèle au Bosphore pour désengorger le détroit… et s'affranchir des restrictions stratégiques ?

La couleur des mers

L'eau de la mer est évidemment transparente, et sa couleur (bleue, mais aussi verte ou grise selon les conditions météorologiques) lui vient d'éléments extérieurs, en particulier la couleur du ciel. Ainsi, le nom de mer Noire ne vient pas de sa profondeur – toutes les eaux paraissent noires à partir de quelques dizaines de mètres de fond –, mais du fait que les Turcs associaient cette couleur au Nord. De même, la mer Rouge est la traduction littérale du grec « Érythrée », les Grecs associant le rouge au Sud, à la chaleur. En revanche, la mer Jaune évoque bien la couleur des limons charriés par le Huang He (le fleuve Jaune) qui s'y jette, et le nom de mer Blanche est clairement déterminé par les conditions climatiques dans cette portion de l'océan Arctique.

☛ VOIR AUSSI

1869 : Le canal de Suez
1968 : La maritimisation de l'économie
1982 : La Convention de Montego Bay

Le trafic sur le Bosphore s'est intensifié et diversifié. La tour de Léandre (ou de la Jeune Fille), à l'entrée du détroit, est environnée de navires de passagers, de commerce (un pétrolier au fond) et même militaires, comme le sous-marin turc au premier plan.

1937

L'EXTRACTION *OFFSHORE*

C'est dans le golfe du Mexique, en raison de ses faibles profondeurs, que la première plateforme de forage et d'exploitation de pétrole est installée en mer.

Les premières structures construites pour atteindre des gisements sous l'eau apparurent à la fin des années 1880, mais elles étaient rattachées à la côte ou situées en eaux lacustres. C'est donc pour exploiter le gisement « Créole », au large de la Louisiane, qu'une entreprise construisit à 1,6 km de la côte la « Superior – Pure Station n°1 », une structure en bois inédite, d'une surface de 2 700 mètres carrés avec un pont à 5 mètres au-dessus de l'eau. Elle servira de modèle aux futures plateformes qui seront toutefois construites à terre et en acier (puis remorquées sur site) à partir de 1947. Le golfe du Mexique (Louisiane, Texas) compte aujourd'hui plus de 3 800 plateformes. L'augmentation des prix du pétrole à la suite du premier choc pétrolier de 1973 entraîna la mise en exploitation de gisements offshore, devenus rentables, ailleurs dans le monde. L'exploitation offshore est ainsi passée de 10 % de la production pétrolière en 1960 à près d'un tiers aujourd'hui. La majorité des nouveaux gisements conventionnels découverts sont désormais sous-marins. D'autant que les progrès technologiques donnent accès à l'offshore « ultra-profond » : les exploitations dépassent maintenant les 3 000 mètres de fond grâce aux installations à positionnement dynamique, recalées en permanence à l'aide de propulseurs guidés par GPS.

Le spectacle insolite d'une plateforme pétrolière, ici en Afrique, se traduit par la pollution atmosphérique des gaz brûlés en permanence, mais aussi par une pollution visuelle et sonore à laquelle sont sensibles beaucoup d'animaux marins.

L'exploitation *offshore* n'est toutefois pas sans risques. D'abord pour la sécurité des hommes, lorsqu'ils sont hébergés dans des modules-vie (deux incendies en mer du Nord en 1980 et 1988 ont ainsi fait près de trois cents morts). Pour l'environnement ensuite, à cause de pollutions qui peuvent être quotidiennes ou accidentelles, ces dernières étant particulièrement difficiles à endiguer en *offshore* profond.

Deepwater Horizon, une catastrophe hors norme

Deepwater Horizon était une plateforme à positionnement dynamique pouvant forer sous plus de 2 400 mètres d'eau, dans des conditions de mer sévères. Le 20 avril 2010, elle coule en deux jours, occasionnant une fuite de la tête de puits de forage. Il fallut trois mois pour colmater totalement la fuite, qui laissa s'échapper entre 300 et 600 millions de litres, soit plus de 830 000 tonnes de pétrole, ce qui en fait la deuxième plus grave catastrophe pétrolière de l'histoire, hors contexte de guerre. En 2016, l'exploitant *British Petroleum* a évalué son coût total à plus de 54 milliards d'euros, dont un tiers pour une amende record des autorités fédérales américaines. En revanche, depuis 20 ans, les marées noires consécutives à des accidents de navigation sont devenues beaucoup plus rares, grâce à l'évolution de la législation et de la jurisprudence – tous les pétroliers récents sont ainsi à double coque.

☛ VOIR AUSSI

1869 : Les nodules polymétalliques
1968 : La maritimisation de l'économie
2013 : Un parc éolien géant
2018 : 100 000 tonnes de diplomatie

1944

LE RÔLE DES MERS DANS LES GUERRES MONDIALES

Les deux guerres mondiales se jouèrent aussi sur et sous les mers, en particulier la seconde, durant laquelle l'Allemagne contrôlait presque toute l'Europe continentale et où l'océan Pacifique fut un front beaucoup plus actif que dans le premier conflit.

La première nouveauté des deux conflits mondiaux fut une intense guerre au commerce menée par les sous-marins et la lutte contre cette menace inédite. Baptisée « bataille de l'Atlantique », cette dimension des opérations navales s'est aussi déployée en Méditerranée et, durant le second conflit, dans l'océan Arctique, les mers de Chine et l'océan Pacifique occidental, jusqu'aux côtes de la mer intérieure de Seto, au Japon. Si les Alliés occidentaux parvinrent à contrer la menace, infligeant de lourdes pertes aux sous-mariniers allemands (plus de 70 % d'entre eux furent tués), et compensèrent largement leurs pertes de navires marchands, l'économie japonaise fut progressivement asphyxiée par les sous-marins anglo-américains.

La Seconde Guerre mondiale vit aussi apparaître l'Aéronavale, en particulier dans le Pacifique, où les bases terrestres étaient très éloignées des théâtres d'opération. Cette nouvelle force maritime s'est particulièrement illustrée dans le raid japonais sur les îles Hawaï, lorsque débuta la guerre dans le Pacifique, le 7 décembre 1941. 13 navires, dont 8 cuirassés, et plus de 300 avions furent endommagés ou détruits, et 2 400 Américains perdirent la vie, mais aucun porte-avions ne fut perdu et l'opinion américaine, révoltée, soutint alors l'entrée en guerre.

Enfin, la reconquête alliée passa par la réussite de vastes opérations amphibies, tant dans le Pacifique qu'en Europe. Après les débarquements anglo-américains en Sicile et en Italie (1943), l'année 1944 fut marquée par l'opération *Overlord*, qui permit un débarquement en France ; la composante navale de cette bataille fut baptisée du nom du dieu romain des océans, « Neptune ». En 24 heures, le 6 juin 1944, 130 000 hommes furent débarqués par quelque 7 000 navires, avec leur matériel, s'ajoutant aux 24 000 parachutés dans la nuit. Le soutien naval continua tout au long de la bataille de Normandie et fut nécessaire pour assurer la logistique de bientôt deux millions d'hommes et plus de 400 000 véhicules, à partir des îles britanniques, avec l'appui d'un oléoduc sous-marin baptisé « PLUTO » (pour *Pipe-Line Under The Ocean*).

Le télégramme Zimmermann

Déjà essentiels aux communications internationales au début du xxe siècle, les câbles sous-marins devinrent un véritable enjeu stratégique dans les conflits mondiaux. Dès 1914, le blocus naval allié s'étendit à l'interruption des liaisons par câbles des Empires centraux (Allemagne, Autriche-Hongrie, Empire ottoman), facilitée par le fait qu'environ trois quarts de ces câbles transitaient à l'époque par le Royaume-Uni. C'est ce qui permit aux Britanniques, en janvier 1917, d'intercepter un télégramme du ministre Zimmermann à destination de l'ambassadeur allemand au Mexique, contenant une proposition d'alliance qui permettrait au Mexique de récupérer le Texas, le Nouveau-Mexique et l'Arizona. Le gouvernement britannique fit parvenir le texte aux Américains, qui le diffusèrent, participant à pousser l'opinion à soutenir l'entrée en guerre, le 2 avril 1917.

☛ VOIR AUSSI

1571 : La bataille de Lépante

1852 : Les câbles sous-marins

1954 : L'*USS Nautilus*

1946

L'ATOLL DE BIKINI

Le 1er juillet 1946, sur l'atoll de Bikini dans les îles Marshall, l'armée américaine procède à l'essai d'une bombe atomique. Vingt-trois autres bombes seront testées sur l'archipel jusqu'en 1958.

Après les premières bombes lancées sur le Japon, l'essai de 1946 cherchait à évaluer le potentiel de l'arme atomique contre des forces militaires. La population de l'île avait été évacuée quatre mois auparavant. C'est aussi sur les îles Marshall, à Eniwetok, que fut testée la première bombe à hydrogène, en 1952. De fait, le Pacifique a été le champ d'expérimentation nucléaire privilégié des Américains mais aussi des Français, en raison de l'éloignement des centres de peuplement dense.

La célébrité de Bikini serait restée éphémère si le couturier Louis Réard ne l'avait choisi pour baptiser un modèle de maillot de bain lancé quatre jours après l'explosion. Ce n'était pas le premier maillot « deux pièces » de l'histoire, puisqu'il existait dès l'Antiquité, ou dans les années 1930, avec le modèle « Atome » de Jacques Heim. Mais la coupe du « bikini », limité à 1 m^2 de tissu, dévoilant les hanches et vendu dans une boîte d'allumettes, était plus provocante. Son succès ne fut d'ailleurs pas immédiat – il fut interdit dans de nombreux pays jusqu'au début des années 1960, et il fallut une décennie pour que des vedettes féminines deviennent « prescriptrices » : Brigitte Bardot en 1956 ou Ursula Andress en 1962.

Depuis, le bikini a connu bien des évolutions, y compris sémantiques avec l'incohérent « monokini » quand il perdit son haut (1962), ou le microkini quand la culotte fut remplacée par un string (1970). Dernier avatar de ce mot si malléable : le burkini (ou burqini), marque déposée en 2006 par l'Australienne Aheda Zanetti pour une tenue de bain couvrant la quasi-totalité du corps – un contresens de plus dans l'histoire du mot « bikini ».

Qu'est-ce qu'un atoll ?

Un atoll est constitué d'une couronne de récifs coralliens, installés à l'origine sur les flancs d'une île volcanique qui s'est affaissée dans la mer, laissant place à un lagon cerné d'îlots affleurant à quelques mètres au-dessus des eaux. Les atolls sont nombreux dans l'océan Indien et le Pacifique centre-ouest, où se trouve le plus grand atoll français : Rangiroa dans les Tuamotu (240 îlots pour 79 km^2 et près de 1 500 km^2 de lagon). Clipperton, proche du Mexique, est l'un des trois seuls « quasi-atolls » au monde : il comporte un rocher rescapé du volcan d'origine culminant à 29 mètres d'altitude, et sa surface terrestre (moins de 2 km^2) est continue. De ce fait, son lagon est isolé de l'océan, qui n'y entre plus que par submersion durant les tempêtes, et son eau est douce – c'est-à-dire faiblement salée.

☛ VOIR AUSSI

2015 : Les Maldives

Le 30 juin 1946, dans le cadre de l'opération Crossroads, la bombe Able, d'une puissance de 21 kilotonnes, explose à Bikini (voir l'image ci-dessus). Le 1er mars 1954, les États-Unis testeront à Bikini leur plus puissante bombe H – nom de code : Castle Bravo. En 1961, l'URSS testera dans l'Arctique une bombe de 57 mégatonnes.

1954

L'*USS NAUTILUS*

Quatrième navire américain à porter ce nom, le *Nautilus* est le premier sous-marin à propulsion nucléaire de l'histoire. Il est également le premier à atteindre le pôle Nord en août 1958.

Nautilus est le nom donné au premier sous-marin de l'histoire, construit par l'ingénieur américain Robert Fulton vers 1800, au sous-marin de *Vingt Mille Lieues sous les mers*, et à celui de l'explorateur Hubert Wilkins, qui tenta d'atteindre le pôle sous la banquise en 1931. L'*USS Nautilus* était, quant à lui, un sous-marin à propulsion nucléaire dont les machines – une mini-centrale atomique – fournissaient suffisamment d'électricité pour le propulser à 30 nœuds (56 km/h), mais aussi pour recycler l'eau et l'air du bord et lui permettre de rester en immersion pendant des semaines. La charge de combustible suffisant à faire plusieurs fois le tour de la Terre, les seules limites à la plongée sont le stock de vivres et la résistance de l'équipage – les missions durent en général six à huit semaines. Les coques en titane permettent d'atteindre des profondeurs de 200 à 300 mètres, ce qui rend le sous-marin quasiment indétectable, malgré les progrès des satellites.

De tels engins naviguent avec une grande précision, grâce aux centrales inertielles et à une cartographie précise des fonds marins. La croisière du *Nautilus* sous la banquise arctique et son passage à la verticale du pôle, le 3 août 1958 à 11 h 15, fut une parfaite démonstration de cette capacité, qui a fait des sous-marins nucléaires lanceurs d'engin (SNLE) des outils essentiels de la dissuasion nucléaire. Chacun porte en effet de 12 à 20 missiles à têtes nucléaires de plusieurs milliers de kilomètres de portée. De quoi exercer des représailles après n'importe quelle attaque, puisqu'il connaît exactement sa localisation et celle de ses cibles. Les sous-marins nucléaires d'attaque (SNA), dont faisait partie le *Nautilus IV*, sont quant à eux des instruments de lutte anti-navires, anti-sous-marine ou plus récemment d'attaque contre la terre, capables de tirer plusieurs dizaines de missiles de croisière en toute discrétion, comme ce fut le cas en 2011 au début de l'intervention en Libye ou en 2018 en Syrie.

Vingt Mille Lieues sous les mers

Sixième ouvrage de la collection des « Voyages extraordinaires », *Vingt Mille Lieues sous les mers* paraît en 1869. C'est l'un des romans les plus connus de Jules Verne, qui met en scène un sous-marin de 70 mètres de long, le *Nautilus*, capable de naviguer sous la banquise et de plonger dans les abysses. Commandé par le capitaine Nemo, un nom qui signifie « personne » en latin et rappelle l'artifice utilisé par Ulysse pour tromper le cyclope Polyphème, le *Nautilus* utilise une énergie encore balbutiante, l'électricité, qui sera seulement mise en œuvre sur le sous-marin français *Narval*, lancé en 1899. Il descend à des profondeurs ou rôdent cachalots et calmars géants. Jules Verne écrivait en 1868 à son éditeur : « Si je ratais ce livre-là, je ne m'en consolerais pas. Je n'ai jamais eu un plus beau sujet entre les mains. »

☛ VOIR AUSSI

1905 : Le passage du Nord-Ouest
2007 : L'Arctique, nouvelle frontière

1956

LE MONDE DU SILENCE

L'année 1956 fut le théâtre de profonds ébranlements culturels ou politiques, mais l'événement le plus marquant fut peut-être la sortie du documentaire sur les fonds marins tourné par l'équipe du commandant Cousteau.

Le jury du festival de Cannes ne s'y trompa d'ailleurs pas : pour la première fois – et ce sera la seule jusqu'en 2004 –, la Palme d'Or fut décernée à un documentaire. Enfin, le commun des mortels put voir, et en couleurs, ce qui se passe sous les eaux ! Un premier documentaire, *Par 18 mètres de fond*, tourné en 1942 en apnée, avait déjà été primé, mais avec une audience et une notoriété réduites.

La nouveauté du *Monde du silence* tient notamment à l'invention du scaphandre autonome, un dispositif permettant d'évoluer librement sous l'eau, sans être relié à la surface par un tuyau amenant de l'air : les plongeurs, équipés de bouteilles sur le dos, respirent grâce à un détendeur – inventé durant la guerre, il est breveté par Cousteau et Gagnan en 1945. Jacques-Yves Cousteau (1910-1997), officier de Marine, fréquente des ingénieurs d'Air Liquide – grâce à son épouse, dont le père était cadre dans cette entreprise – et a rencontré le commandant Yves Le Prieur, un autre officier de Marine, inventeur notamment d'un premier modèle de scaphandre autonome dès 1926. Des relations qui l'aidèrent à finaliser son invention.

Le retentissement de ce long-métrage (près d'1 h 30), réalisé conjointement avec Louis Malle, contribua largement à la notoriété de Cousteau et de son équipe, bien au-delà des

Jacques-Yves Cousteau lors d'une plongée
pour le film *Le Monde du silence*.

limites de la francophonie ; le *Monde du silence* reçut ainsi l'Oscar du meilleur documentaire en 1957. Cousteau put ainsi passer le reste de sa vie à courir les mers sur la *Calypso*, un vieux dragueur de mines américain, et à produire à partir de 1967 la série des films *L'Odyssée sous-marine du commandant Cousteau*, première grande œuvre pédagogique de sensibilisation du grand public à la défense de l'environnement.

La *Calypso*

Construit pendant la Seconde Guerre mondiale dans un chantier américain et livré à la Royal Navy en 1943, le dragueur de mines J-826 est affecté en Méditerranée. En 1947, il est converti en ferry pour relier Malte et Gozo, et baptisé *Calypso*. En 1949, la *Calypso* est rachetée par la société Auniac-Guinness, puis louée pour un franc symbolique par an à Jacques-Yves Cousteau, qui en fait le premier navire de recherche océanographique privé au monde. Pendant 40 ans, elle sillonne les océans du globe et devient aussi célèbre que l'« homme au bonnet rouge » qui la commande. Depuis la mort de ce dernier, la *Calypso* a subi bien des vicissitudes – accidents, incendies et disputes entre les héritiers. En 2017, alors qu'elle est en réfection dans un chantier à Izmit (Turquie), un incendie détruit sa coque et ses œuvres vives, entièrement en bois, comme de coutume pour les dragueurs.

☛ VOIR AUSSI

1698 : L'expédition de Halley
1775 : Le scaphandre
1808 : La vie dans les abysses
1872 : L'expédition du *Challenger*
1960 : Plongée dans les abysses

1960

PLONGÉE DANS LES ABYSSES

Le 22 janvier 1960, le bathyscaphe *Trieste*, conçu par l'ingénieur suisse Auguste Piccard descend au point le plus bas de la fosse des Mariannes à –10 916 mètres. Un nouveau monde s'ouvre à l'Homme.

Les océans (71 % de la surface terrestre) sont l'ultime frontière de l'humanité. Près de 88 % des mers correspondent aux « grands fonds » dont à peine 5 % ont été explorés. En dehors de leur définition océanographique, les abysses se caractérisent par l'obscurité (seule la composante bleue de la lumière solaire pénètre l'eau au-delà de quelques mètres, avant de disparaître vers 200 mètres) et par la pression (tous les 10 mètres, s'ajoute une atmosphère : le *Trieste* supportait plus de 1 000 fois la pression de la surface !). Leur relief est dévoilé en 1904, lorsqu'Albert Ier de Monaco publie la première carte bathymétrique complète, synthétisant plus de 18 000 sondages. Les dorsales océaniques, ces chaînes de montagnes sous-marines s'étirant sur plus de 60 000 kilomètres, ont été identifiées il y a 50 ans à peine.

Mais revenons à Auguste Piccard (1884-1962). Ami d'Einstein et du couple Curie, cet inventeur touche-à-tout inspira Hergé pour créer le professeur Tournesol. Alors que les sous-marins ne pouvaient descendre au-delà d'une centaine de mètres et que les sphères, plus résistantes, étaient contraintes par le câble les reliant à la surface, il conçut un engin autonome, baptisé *bathyscaphe*

(« barque des profondeurs » en grec). Un premier prototype, repris par la Marine française, descendit à –4 050 mètres en février 1954. Piccard travaillait déjà sur le *Trieste*, du nom de la ville où ce second modèle fut mis au point. Pouvant accueillir deux à trois personnes, il descendait par gravité et se stabilisait ou remontait en lâchant un lest de grenaille. Auguste ayant cédé son invention aux Américains, c'est son fils Jacques, accompagné de Don Walsh, qui réalisa la plongée record dans la fosse océanique la plus profonde. L'année suivante, le bathyscaphe *Archimède* de la Marine française plongea cinq fois à –9 000 mètres dans la fosse des Kouriles mais ne put aller au-delà, faute de profondeur plus grande à cet endroit.

Le robot plongeur *Ocean One*

Le Département des recherches archéologiques subaquatiques et sous-marines (DRASSM) a été créé il y a 50 ans par André Malraux, qui voulait disposer d'archéologues sachant plonger pour fouiller les épaves. Mais un humain ne peut rester plus de quelques dizaines de minutes à 30 ou 40 mètres de profondeur à cause des paliers de décompression, et ne peut aller au-delà de 70 mètres... Alors qu'*Ocean One*, un robot humanoïde né de la collaboration du DRASSM et de l'université de Stanford, est conçu pour aller jusqu'à 1 000 mètres. Au-delà de 1 000 mètres, il faut compter sur des mini-submersibles à deux ou trois places équipés de bras extérieurs comme le *Victor 6000* de l'IFREMER, autre fleuron français, capable d'atteindre 6 000 mètres de profondeur, ce qui donne accès à 97 % des fonds océaniques.

☛ VOIR AUSSI

1775 : Le scaphandre

1808 : La vie dans les abysses

1872 : L'expédition du *Challenger*

1956 : *Le Monde du silence*

Auguste Piccard fut aussi un pionnier des vols stratosphériques en ballon pressurisé. En 1932, il dépasse les 16 000 mètres d'altitude. Son petit-fils Bertrand fit le premier tour du monde en ballon et pilota l'avion expérimental *Solar impulse*.

1961

LES BIENHEUREUX DE LA DÉSOLATION

En 1961, les 264 habitants de l'île Tristan da Cunha sont évacués vers le Royaume-Uni pour échapper à une éruption volcanique. Un choc culturel pour cette population isolée jusque-là.

Si cinq territoires insulaires ont porté le nom d'« île de la Désolation », Tristan da Cunha (96 km^2) est, avec les îles Kerguelen, celui qui le mérite le plus. Ultime émergence de la dorsale médio-atlantique, le minuscule archipel de six îles est considéré comme le plus isolé au monde : Sainte Hélène est à 2 400 km, l'Afrique à 2 700 km et l'Amérique du Sud à 3 200 km. Repéré en 1506 par le Portugais dont il porte le nom, il n'est exploré que deux siècles plus tard, à cause de son abord dangereux. Après avoir connu une éphémère république autonome, l'île est occupée par les Britanniques en 1816 pour décourager tout projet d'évasion de Napoléon, détenu à Sainte Hélène, en le privant d'une base de départ potentielle ; après la mort de l'empereur, le caporal Glass obtint le droit de rester sur l'île avec sa famille et la colonie s'étoffa au gré des (rares) escales, des naufrages et de réoccupations provisoires. L'ouverture de Suez et de Panama fait progressivement de l'Atlantique Sud un désert, et l'archipel n'est plus visité qu'épisodiquement.

L'éruption et l'évacuation de 1961 bouleversent cette communauté, malgré le bon accueil des Britanniques. Ils perdent six des leurs, frappés par des virus inconnus dans le Sud, et s'acclimatent difficilement au travail salarié et à une vie qui « ne remplit pas le cœur, [mais] remplit les poubelles ». Le retour en 1963 n'est toutefois pas idyllique : croyant revenir

Edimburg of the Seven Seas est l'unique localité où se concentrent les habitants de Tristan da Cunha, qui l'appellent entre eux « la colonie ». Les « sept mers » est une expression très ancienne pour désigner l'ensemble des océans.

en 1960, « les Tristan » retournent en fait en 1820 car tout est à refaire, sauf les maisons à peu près épargnées. Après l'aménagement d'un port permanent, l'équipement en grues, tracteurs et voitures, l'installation d'une école et d'un hôpital, les insulaires rentrent presque tous dès 1967-1968. En pleine contestation de la société de consommation, leur choix prend l'allure d'une fable philosophique dont Hervé Bazin fait le récit en 1970. La population de l'île est toujours aujourd'hui de 267 habitants.

Les timbres de Tristan da Cunha

Comment prospérer sur un « caillou » difficile d'accès en plein océan, à proximité des quarantièmes rugissants ? La population de Tristan da Cunha vit en semi-autarcie à partir de cultures et d'élevage, mais elle échange aussi avec le monde extérieur : la pêche au homard alimente les habitants de l'île mais aussi ses exportations, et la vente de ses timbres est très appréciée des philatélistes du monde entier. Comme ils ne sont pas spécialement rares, ils sont accessibles au plus grand nombre et présentent des séries de sujets très variées – l'histoire ou les paysages de l'île, des navires anciens, des animaux terrestres ou marins, des oiseaux, etc. – au dessin soigné. Et l'oblitération par la poste la plus isolée au monde contribue, une fois n'est pas coutume, à les valoriser.

☛ VOIR AUSSI

1616 : Le baptême du cap Horn
1714 : Le Parlement britannique vote le Longitude Act

1964

LE « TRIANGLE DES BERMUDES »

En février 1964, dans le magazine *Argosy*, Vincent Gaddis publie un article au sujet d'une vaste zone océanique située entre les Bermudes, la Floride et Porto Rico, où se seraient multipliées les disparitions suspectes de navires et d'avions et qu'il baptise « triangle des Bermudes ».

Ce n'est pas le premier article à mentionner ces soupçons, ni surtout le dernier : 10 ans plus tard, Charles Berlitz en tire un *best-seller*, vendu à 20 millions d'exemplaires ! Des films, des séries télévisées s'en inspirent – en 2013, l'un des films de la saga *Percy Jackson* y délocalise même le mythe de Charybde et Sylla, deux monstres marins issus de la mythologie grecque ! Les recenseurs les plus pointilleux faisaient état, en un siècle, de près de 300 disparitions suspectes (majoritairement des navires) dans la zone ; d'autres, moins regardants, en comptaient même 2 000…

Aucune explication scientifique ne s'imposant, les spéculations habituelles sur un terrain de chasse des extraterrestres ou une résurgence de l'Atlantide furent monnaie courante. Mais les contre-enquêtes ont montré la fragilité de la thèse initiale : l'énormité de la zone concernée, qui varie du simple au triple selon les auteurs, gonfle nécessairement le nombre des incidents ; beaucoup de naufrages rapportés n'ont même pas eu lieu dans le périmètre, limitant la portée « scientifique » du bilan. Dès 1975, Larry Kushe dénonce l'utilisation sensationnaliste des faits, et parfois les inventions des auteurs propageant la thèse du « triangle mortel ».

Il n'y a donc aucun mystère dans le triangle des Bermudes. Une météorologie capricieuse, des récifs peu visibles, des occurrences plus fortes de vagues scélérates, voire des remontées de méthane – dont l'effet est cependant discuté – suffisent à expliquer les vrais naufrages, qui ne sont pas si nombreux rapportés à l'intensité du trafic maritime ou aérien. Les autorités responsables (*US Coast Guards*, assurances, armateurs…) ne le considèrent d'ailleurs pas comme particulièrement dangereux. Il correspond toutefois en partie à une zone particulière de l'Atlantique, appelée depuis longtemps « mer des Sargasses » à cause des algues qui pullulent en surface. Cette unique « mer sans rivage », déjà signalée par Christophe Colomb, est une zone de calme persistant où les navires à voile pouvaient s'engluer de longs jours durant, ce qui présentait toujours des risques d'épuisement ou d'altération des vivres ou de l'eau à bord.

Papa Tango Charly

La légende du triangle des Bermudes naquit au début des années 1950 à la suite d'une série d'articles portant notamment sur la disparition « mystérieuse » d'une escadrille de cinq avions au cours d'un entraînement en décembre 1945 : l'escadrille 19. En France, cet accident fut rendu célèbre en 1976 par un « tube » du chanteur américain Mort Shuman, intitulé *Papa Tango Charly* à partir d'un indicatif radio fantaisiste (PTC en alphabet international). Loin d'être surnaturelle, la disparition des cinq appareils est due à une erreur de navigation de l'instructeur, qui guida le groupe sur une route inverse de celle qu'il aurait fallu suivre, jusqu'à une panne d'essence en pleine mer. L'explosion de l'avion de secours parti à leur recherche serait due, quant à elle, à une simple défaillance mécanique.

☛ VOIR AUSSI

1912 : Le naufrage du *Titanic*

1965

LA CODIFICATION DES PAVILLONS

En mer, les drapeaux sont appelés « pavillons ». Ils servent à afficher la nationalité du bateau, mais aussi à communiquer des informations essentielles en l'absence de système radio opérationnel.

Pratiquée depuis des siècles, la communication par pavillons a été harmonisée par l'Organisation maritime internationale en 1965 sous forme de correspondance alphanumérique (un pavillon par lettre, une flamme – pavillon triangulaire – par chiffre) complétée par des messages simples, à un ou plusieurs pavillons, liés aux circonstances de la navigation ou aux manœuvres. Par exemple, le pavillon « Victor » (code international pour la lettre V) équivaut à une demande d'assistance. Ainsi, des navires peuvent communiquer même si la radio est en panne, s'ils ne sont pas sur la même fréquence, ou... si l'un d'eux fait la sourde oreille !

Le pavillon de nationalité, arboré à la poupe (l'arrière du bateau), est déterminé par le port d'immatriculation. En haute mer, le droit du pavillon s'applique – un navire ne peut être visité ou saisi que par les autorités du pays d'immatriculation –, sauf pour ceux qui n'en arborent aucun, qui sont présumés pirates et peuvent être arraisonnés et saisis par les navires de guerre de n'importe quel État. Le pavillon détermine donc le droit applicable au navire (pour la réglementation fiscale et sociale en particulier). La possibilité d'enregistrement d'un navire dans un pays indépendant de la nationalité du propriétaire, ou « libre immatriculation », est apparue pendant la Seconde Guerre mondiale. Elle permettait aux bateaux des nations en guerre d'éviter les torpillages en affichant un pavillon neutre. Elle a ensuite prospéré pour des raisons économiques en permettant de diminuer les contraintes réglementaires, poussant syndicats et médias à la qualifier de « pavillon de complaisance ». Une trentaine de pavillons impose des obligations réglementaires moins nombreuses (visites sanitaires, nationalité de l'équipage, etc.), y compris les pavillons « bis » des pays développés (comme le Registre International Français, l'île de Man pour le Royaume Uni, etc.), ce qui explique que 70 % de la flotte mondiale soit sous ce régime, et jusqu'à 80 ou 90 % pour les pays développés.

Les principales flottes de commerce

Six des dix premières flottes mondiales correspondent à des pavillons de libre immatriculation : Panama loin devant (18,5 **%** du tonnage mondial), suivi par le Libéria et les îles Marshall, mais aussi Malte, les Bahamas et Chypre, alors que la nationalité des propriétaires donne le premier rang à la Grèce, suivie du Japon et de la Chine. Cette hiérarchie s'explique par le poids des plus gros navires (tankers, qui représentent 30 **%** de la flotte environ, ou vraquiers), massivement en libre immatriculation. Pour les porte-conteneurs (13 **%** du tonnage mondial), les trois premiers armateurs sont européens : Maersk (danois), MSC (italo-suisse) et CMA-CGM (français), mais ils n'utilisent pas toujours leur pavillon national.

VOIR AUSSI

1848 : Le *Glossaire nautique*
1929 : Le mille marin
1968 : La maritimisation de l'économie

1968

LA MARITIMISATION DE L'ÉCONOMIE

Si l'invention du conteneur remonte à la fin des années 1950, ce n'est qu'en 1968 que le premier navire conçu spécifiquement pour le transport de ces « boîtes » entre en service.

C'est un transporteur américain, Malcolm Mac Lean, qui a mis en œuvre le principe de conteneurs métalliques pouvant être transportés par bateau, camion, train ou avion, inventant ainsi le transport multimodal qui contribue à diminuer drastiquement le coût de la manutention des marchandises. Mais c'est un chantier japonais qui a construit le premier navire destiné à les transporter : le *Hakone Maru*. Commandé par une compagnie japonaise et structuré pour empiler les conteneurs sur des rails, ce premier modèle transportait à peine 2 000 boîtes et déplaçait moins de 50 000 tonnes, alors que les plus grands porte-conteneurs actuels ont dépassé les 24 000 boîtes pour quelque 240 000 tonnes de déplacement. On compte chaque année plus de 160 millions de voyages de conteneurs, dont la taille est standardisée depuis 1961 à 20 et 40 pieds de long (6,1 et 12,2 mètres), et dont certains sont réfrigérés ou adaptés à des transports spéciaux.

Les porte-conteneurs, navires emblématiques de la mondialisation, ne représentent pourtant que 13 % du tonnage mondial de navires marchands, contre près de 29 % pour les pétroliers et 43 % pour les « vraquiers », qui transportent les matières premières non conditionnées. La flotte de commerce mondiale compte plus de 105 000 navires pour 2,2 milliards de tonnes de capacité, et assure 90 % des échanges intercontinentaux de marchandises.

Ces énormes navires – les plus grands atteignent voire dépassent 400 mètres de long – ne peuvent pas accéder à tous les ports ni à tous les détroits ou canaux et manœuvrent difficilement : il leur faut près d'une demi-heure et environ 10 kilomètres pour s'arrêter une fois lancés. L'intensité du trafic dans les passages resserrés comme les détroits a conduit à la mise en place de voies dédiées à chaque sens de circulation pour éviter les accidents ; dans le Pas-de-Calais, par exemple, on compte près de 10 navires par heure entre Manche et mer du Nord, et pas moins de 90 traversées par jour.

Rotterdam, premier port européen

Rotterdam a longtemps été un port secondaire face à Amsterdam, Anvers, ou Londres, premier port mondial jusqu'au début du XXe siècle. Amorcé par l'ouverture en 1872 d'un canal – le Nieuwe Waterweg – assez profond pour les navires de haute mer, son développement se poursuit par une migration progressive vers l'aval des installations, pour accepter les grands navires, notamment les supertankers pour lesquels un chenal profond de 25 mètres est creusé sur 60 kilomètres en mer du Nord. La mondialisation et la construction européenne font de Rotterdam, au débouché de l'Europe rhénane, le premier port mondial de 1962 à 1985 ; son trafic (467 millions de tonnes) est aujourd'hui quinze fois plus important qu'en 1950, mais il n'est plus qu'au sixième rang mondial.

☛ VOIR AUSSI

1843 : Le *Hollandais volant*
1866 : La grande course du thé
1869 : Le canal de Suez

Loin de la capacité des mastodontes les plus récents, la taille moyenne des porte-conteneurs est inférieure à 5 000 EVP – équivalant à 20 pieds - comme celui-ci. Les conteneurs sont rangés le long de « rails », depuis le fond de la coque jusqu'à la hauteur de la passerelle de navigation. Sur cette photo, on voit des conteneurs de 20 et de 40 pieds (voir cahier couleurs, p. XI).

1969

LE VAGABOND DES MERS DU SUD

La Transat anglaise, créée en 1960, est la première course à la voile en solitaire. En 1968, neuf navigateurs relèvent le Golden Globe Challenge, un tour du monde en solitaire sans escale via les trois caps légendaires (Bonne Espérance, Leeuwin et Horn).

L'un d'eux est le Français Bernard Moitessier, qui bénéficie d'une expérience de la navigation sans équipage conséquente, racontée dans le livre *Vagabond des mers du sud*, paru en 1960. En 1966, ce dernier a établi le record de la plus longue traversée sans escale avec son épouse, Françoise, avec un parcours de 14 200 milles marins en 126 jours et en franchissant le cap Horn d'ouest en est. Pour le Golden Globe Challenge, il navigue sur un ketch (voilier à deux mâts dont le grand mât est à l'avant) baptisé *Joshua* en l'honneur de Joshua Slocum, le premier homme à effectuer un tour du monde en solitaire à la voile entre 1895 et 1898, disparu en mer en 1909.

Mais en mars 1969, alors qu'il entamait sa remontée de l'Atlantique en doublant l'un après l'autre tous les concurrents partis devant lui, Moitessier, renonçant à la victoire, reprit la route du cap de Bonne Espérance, traversa une seconde fois l'océan Indien et acheva son périple à Tahiti, le 21 juin 1969, après 10 mois en mer et près de 37 500 milles marins, soit un peu plus de 69 000 kilomètres – un tour du monde et demi. L'explication de ce choix étonnant est une véritable définition de la philosophie de la navigation : « Le bateau c'est la liberté, pas seulement le moyen d'atteindre un but. »

Le Golden Globe Challenge fut remporté par l'Anglais Knox-Johnston, seul concurrent à terminer le parcours après 313 jours de mer et plus de 30 000 milles marins ; cinq autres abandonnèrent, l'un fit naufrage à proximité du point d'arrivée (il se suicida trois ans plus tard), et le dernier, Donald Crowhurst, sombra dans la folie après avoir fait croire qu'il était en mesure de gagner la course – son bateau fut retrouvé vide le 10 juillet 1969 au milieu de l'Atlantique, Crowhurst s'étant probablement suicidé quelques jours plus tôt.

Moitessier raconta son périple dans un nouveau livre, *La Longue Route*. Son exemple suscita de nombreuses vocations de marins, anonymes ou célèbres – Titouan Lamazou ou Isabelle Autissier ont ainsi reconnu leur dette à son égard. Il est mort d'un cancer en 1994 ; l'année précédente, *Joshua* avait été classé monument historique.

La route des caps

Pour faire le « tour du monde », le trajet le plus court implique de passer au sud des caps qui terminent les principaux continents dans l'hémisphère austral : le cap des Aiguilles, pointe extrême de l'Afrique, le cap Leeuwin, au sud-ouest de l'Australie, ou le cap du sud-est, en Tasmanie, et enfin le légendaire cap Horn, extrémité du continent américain et point le plus méridional des terres émergées en dehors de l'Antarctique. Mais cet itinéraire oblige à naviguer longuement dans ce que l'on nomme les « Quarantièmes rugissants », zone de vents et de courants forts, et même ponctuellement dans les « Cinquantièmes hurlants », où les conditions météorologiques et de mer sont encore plus éprouvantes.

☛ VOIR AUSSI

Vers 530 : Le *Traité de l'astrolabe*
1929 : Le mille marin
1990 : Les femmes et la mer

1975

LA RÉVOLUTION HALIEUTIQUE

En 1975, l'URSS devient la deuxième flotte de pêche du monde, signe de la mondialisation et de l'industrialisation de la pêche, avec des conséquences redoutables pour les espèces les plus accessibles.

Cette « révolution halieutique » consiste en une amélioration des techniques de pêche qui devient nettement plus productive. L'utilisation du sonar permet de repérer les bancs à coup sûr, au lieu de compter sur l'expérience et le « flair » des patrons confirmés ; la généralisation des navires usines, capables de traiter et de congeler le poisson sur les zones de pêche, prolonge les campagnes pendant des mois, y compris sur des zones très éloignées du port d'attache. C'est ce dernier type de navire que les Soviétiques ont particulièrement développé dans les années 1970, notamment pour pêcher dans l'Atlantique Nord. Mais les « chalutiers russes » étaient aussi des auxiliaires de la flotte militaire (également devenue la seconde mondiale à cette époque) grâce à leurs capacités d'écoute et d'espionnage.

L'accroissement du tonnage de prises a commencé dès la première moitié du XXe siècle, passant de 5 millions de tonnes en 1900 à 15 millions en 1948, notamment grâce à l'utilisation du panneau divergent, dispositif écartant les deux ailes du chalut, donc englobant un plus grand volume de prises. En 1975, les captures océaniques atteignent 60 millions de tonnes mais n'évoluent plus pendant une décennie en raison de l'introduction du nouveau droit de la mer et des premiers cas avérés de surpêche, comme l'effondrement des prises de harengs en Europe du Nord. La reprise observée dans les années 1985-1995 a porté le niveau officiel des captures océaniques au-delà des 85 millions de tonnes. Il se situe aujourd'hui en deçà des 80 millions, un seuil difficile à dépasser, puisque les deux tiers des espèces marines sont déjà utilisées « à plein rendement », selon l'Organisation des Nations Unies pour l'alimentation et l'agriculture (FAO). Si la consommation moyenne de poisson (20 kg par personne et par an) continue à monter, la demande ne pourra être satisfaite que par l'aquaculture… qui n'est pourtant pas sans inconvénient.

La pêche minotière

Point commun entre les moulins industriels et la grande pêche ? La production de farine... de poisson dans le cas de la pêche. Destinée à l'origine à tirer parti des déchets de poissons (têtes, viscère, arêtes, etc.), la production de farine est depuis le début du XXe siècle l'objet d'une pêche spécifique. Sont visés les petits poissons qui ne séduisent pas les consommateurs, tels que les sprats, les lançons ou les capelans, au total près de 20 millions de tonnes. Cette farine protéinée et l'huile extraite des poissons gras sont utilisées pour la production d'aliments pour animaux (poissons, volailles, chiens, chats, etc.). La plupart des espèces concernées sont déjà surexploitées, alors qu'elles constituent aussi des proies essentielles pour d'innombrables animaux marins, poissons, oiseaux ou baleines...

☛ VOIR AUSSI

1492 : Christophe Colomb (ne) découvre (pas) l'Amérique
1858 : L'aquaculture
1982 : La chasse à la baleine
1992 : La guerre de l'anchois

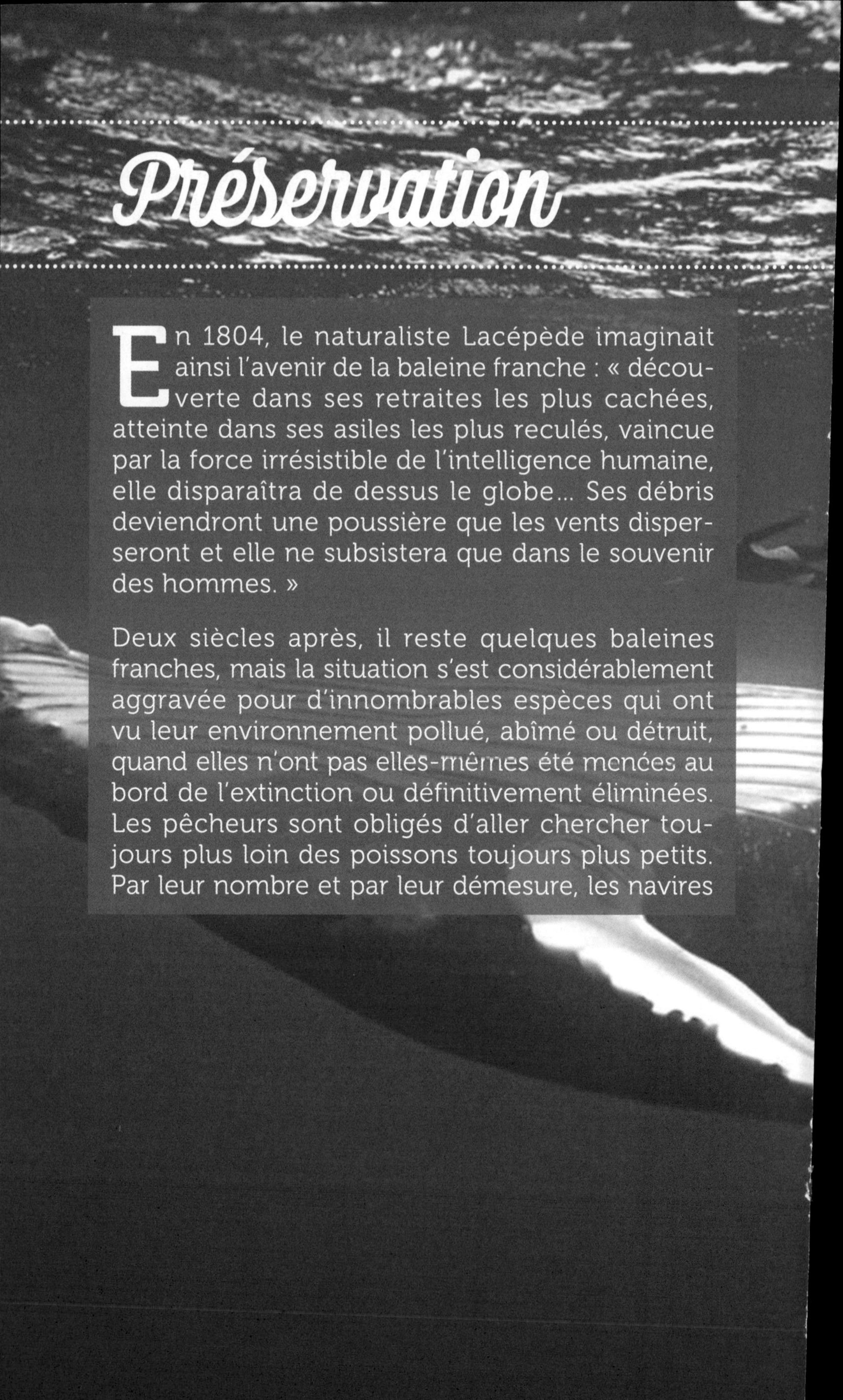

Préservation

En 1804, le naturaliste Lacépède imaginait ainsi l'avenir de la baleine franche : « découverte dans ses retraites les plus cachées, atteinte dans ses asiles les plus reculés, vaincue par la force irrésistible de l'intelligence humaine, elle disparaîtra de dessus le globe... Ses débris deviendront une poussière que les vents disperseront et elle ne subsistera que dans le souvenir des hommes. »

Deux siècles après, il reste quelques baleines franches, mais la situation s'est considérablement aggravée pour d'innombrables espèces qui ont vu leur environnement pollué, abîmé ou détruit, quand elles n'ont pas elles-mêmes été menées au bord de l'extinction ou définitivement éliminées. Les pêcheurs sont obligés d'aller chercher toujours plus loin des poissons toujours plus petits. Par leur nombre et par leur démesure, les navires

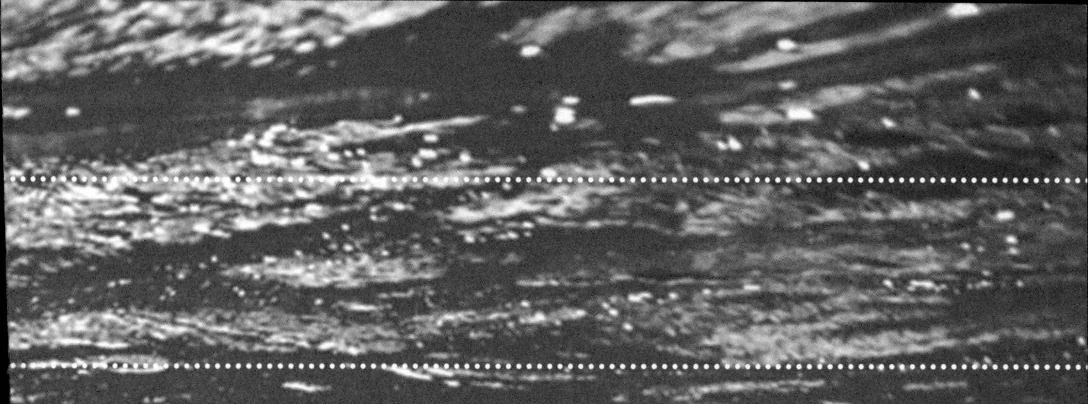

contribuent à la dégradation des océans. Et dans le monde entier, les populations littorales se trouvent confrontées à la montée du niveau de la mer, à l'érosion des côtes, à la mort des récifs coralliens et à la pollution de l'eau.

Pourtant, en parallèle, il est apparu de plus en plus évident que les ressources marines ne sont pas inépuisables et qu'il est indispensable de préserver l'écosystème océanique dans son ensemble. On sait aujourd'hui que les océans jouent un rôle crucial dans la lutte contre le dérèglement climatique, autant comme puits de carbone majeur, à la fois physique et biologique, que pour l'énergie, éolienne ou hydrolienne, qu'ils peuvent nous offrir. En ce début du XXIe siècle, cette prise de conscience a permis quelques progrès, encore timides mais réels, dans la protection des océans et de leurs habitants.

1977

LES SOURCES HYDROTHERMALES

En 1977, les scientifiques en plongée d'exploration à bord de l'*Alvin*, un petit sous-marin américain, découvrent les sources hydrothermales, par 2 630 mètres de fond, au large des Galápagos.

Les sources hydrothermales sont des structures minérales en forme de cheminées atteignant 20 mètres de haut, d'où jaillissent des eaux brûlantes, riches en sulfure d'hydrogène et assombries par les sels de fer et de manganèse. Ces minéraux se déposent et construisent peu à peu ces « fumeurs noirs ». À ces profondeurs, la pression est telle que l'eau des sources reste liquide alors que sa température atteint 350 °C. Par la suite, on a aussi observé des « fumeurs blancs », dont les eaux sont moins acides et moins chaudes.

Lors de cette même plongée, les chercheurs font une découverte encore plus étonnante. Ces monts hydrothermaux hébergent une faune extraordinairement abondante, en comparaison de la pauvreté des plaines abyssales proches. Sur quelques centaines de mètres carrés, s'entassent des colonies de vers géants, des coquillages, des crabes et des poissons, qui constituent un écosystème aux caractéristiques très inhabituelles.

Ces oasis abyssales ne reposent en effet pour leur alimentation ni sur les plantes, ni sur les déchets organiques tombés de la surface, mais sur des bactéries qui tirent parti de l'énergie du sulfure d'hydrogène émis par les sources. Elles pratiquent une

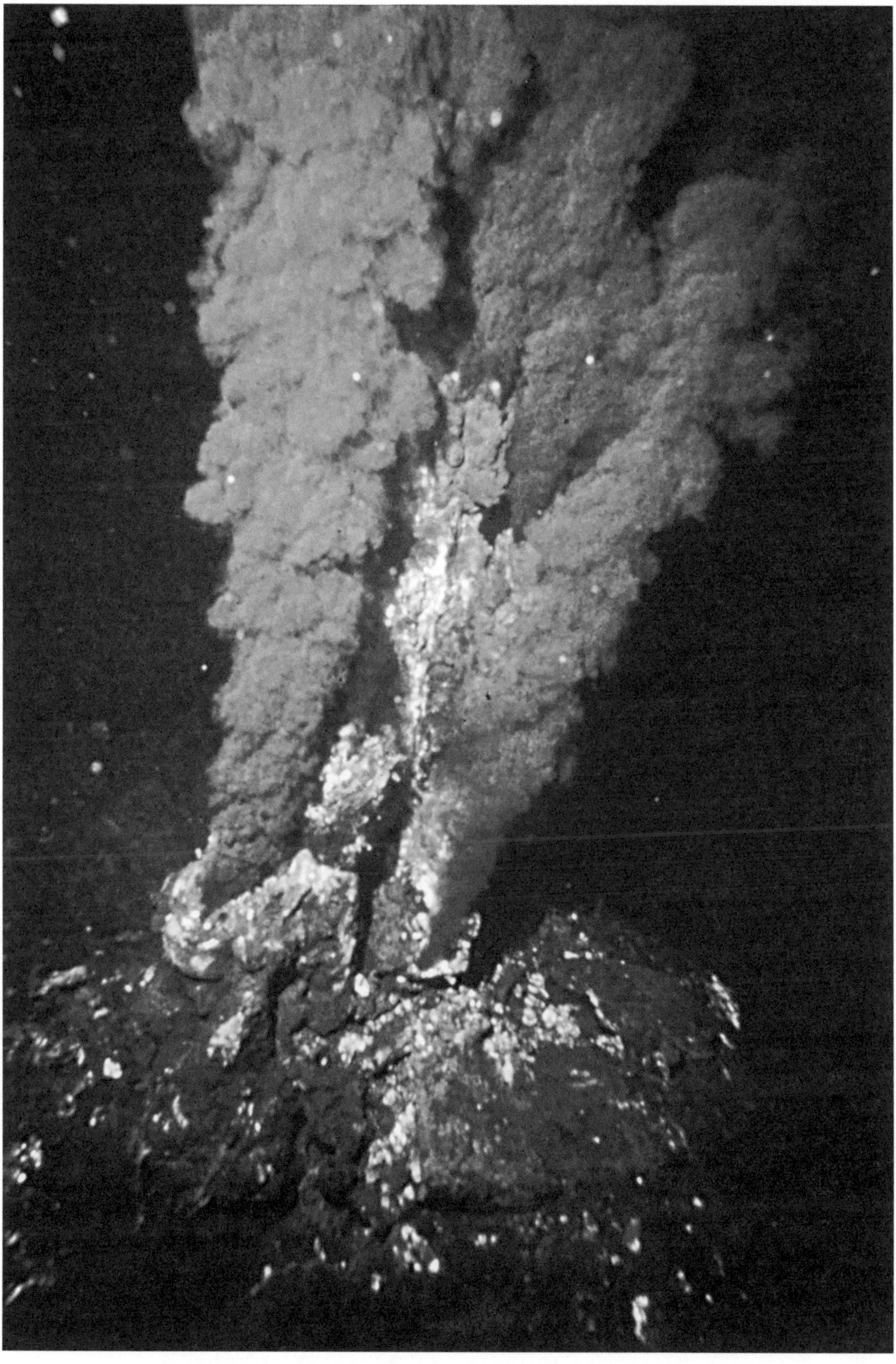

Les « fumeurs » sont les cheminées bâties par les sources chaudes riches en éléments minéraux.

chimiosynthèse qui joue le même rôle que la photosynthèse des plantes vertes. Les vers Riftia, dépourvus de tube digestif, hébergent ces bactéries et profitent de leur production de matière organique. Des coquillages filtrent l'eau et se nourrissent des particules alimentaires flottant dans l'eau. Et des prédateurs dévorent les précédents.

L'existence de ces écosystèmes indépendants de la lumière solaire a beaucoup stimulé les recherches sur l'origine de la vie et sur la présence éventuelle d'êtres vivants sur d'autres planètes.

Oasis provisoires

Les sources hydrothermales apparaissent à proximité des dorsales océaniques, sièges d'une intense activité volcanique. L'eau de mer à 2 °C qui entre dans les fractures du basalte se réchauffe au contact des roches à 1 200 °C. Elle se charge en sels minéraux avant de ressortir par les cheminées. La totalité du volume des océans est ainsi recyclée en 10 millions d'années. Ces sources sont nombreuses dans le Pacifique, mais il en existe aussi dans l'océan Atlantique, comme le site « Rainbow », situé à 2 300 mètres de profondeur et exploré en 2008. Comme les plaques sont mobiles, les sites des sources s'éloignent des zones volcaniques et les sources finissent par se tarir. La faune disparaît alors pour proliférer à nouveau ailleurs, là où ont jailli de nouvelles sources.

☛ VOIR AUSSI

Il y a 3,5 milliards d'années : L'eau source de vie
1808 : La vie dans les abysses
1960 : Plongée dans les abysses

1982

LA CONVENTION DE MONTEGO BAY

Le 10 décembre 1982, après neuf ans de négociation, les Nations Unies parviennent à un compromis satisfaisant pour établir une convention sur le droit de la mer.

Les quatre conventions de Genève de 1958 n'avaient pas éteint le débat sur l'appropriation des océans, ouvert par l'amélioration du contrôle maritime, la multiplication des États du fait de la décolonisation, l'essor de la pêche hauturière et la découverte de nouvelles ressources. La conception d'une mer ouverte à tous, profitant aux puissances les plus avancées, est contestée par certains pays en développement : le Chili ou le Pérou revendiquent des eaux territoriales jusqu'à 200 nautiques (370 km) de leurs côtes pour pratiquer la pêche industrielle. Le texte de 1982 établit le compromis toujours en vigueur entre « territorialisation » des espaces maritimes, selon le mot de Michel Foucher, et liberté de la navigation.

Satisfaisant le désir de nombreux États de contrôler leurs approches et les sources de pollution, la mer territoriale est portée à 12 milles marins depuis les côtes (environ 22 km). Prolongement maritime du territoire, l'État y dispose des mêmes pouvoirs. Au-delà et jusqu'à 200 milles (370 km), s'étend la Zone économique exclusive (ZEE), où l'État dispose de droits souverains sur l'exploitation des eaux (pour la pêche par exemple) et du sous-sol, mais aussi d'attributions (« juridiction ») pour la protection de l'environnement en particulier. En échange de cette extension des pouvoirs des États côtiers, les puissances maritimes conservent le droit de passage inoffensif dans les mers territoriales et les détroits internationaux pour tout navire.

La Convention est en vigueur depuis 1994. Aujourd'hui, 169 pays et organisations l'ont ratifiée, 15 l'ont signée mais pas encore ratifiée – dont l'Iran –, et 17 ne l'ont pas signée, dont les États-Unis, qui en sont pourtant un gardien sourcilleux, la Turquie, le Venezuela ou le Pérou, qui affiche toujours une mer territoriale de 200 nautiques.

☛ VOIR AUSSI

1609 : Grotius et la liberté des mers
1929 : Le mille marin
2015 : La France et la mer
2023 : Signature de la BBNJ

Cette photographie, dans les îles Spratly, montre comment l'armée chinoise transforme en base permanente un simple récif de la mer de Chine méridionale pour se l'approprier et exiger la mer territoriale et la ZEE périphériques.

1982

LA CHASSE À LA BALEINE

Après des siècles de chasse à la baleine, la Commission baleinière internationale propose en 1982 un moratoire sur la chasse commerciale.

Au XIXe siècle, la demande des pays occidentaux en huile de baleine augmente beaucoup, pour l'éclairage, pour la production de lubrifiants industriels ou pour la confection de savons et de produits cosmétiques. Le reste du mammifère était également utilisé : les fanons servaient à la fabrication des « baleines », des tiges cornées utiles pour les parapluies et les corsets ; lorsque leur chair n'était pas consommée, elle était réduite en poudre et donnée au bétail ; les os et les déchets étaient transformés en engrais. Presque toutes les espèces étaient alors exploitées, d'abord les baleines franches, puis la baleine bleue, le rorqual commun, le cachalot, la balcine à bosse ou les baleinoptères.

Avec l'invention du harpon propulsé à tête explosive et la construction de navires-usines, les prélèvements s'accentuent et les cétacés se raréfient. Face à l'effondrement des pêcheries et au remplacement des produits baleiniers par le pétrole, quelques-uns des pays concernés tentent d'organiser leur activité, aboutissant en 1946 à un premier accord. La Commission baleinière créée à cette occasion propose quelques décennies plus tard un moratoire, tout en autorisant la chasse pour les populations aborigènes (comme les Inuits) et la chasse « scientifique ». Celle-ci sert aujourd'hui de prétexte aux baleiniers japonais pour continuer à chasser certaines espèces. En 2018, le Japon s'est retiré de la Commission, renonçant à pêcher les baleines en dehors de ses eaux territoriales.

La baleine à bosse, ou mégaptère, n'a été protégée qu'une fois arrivée au bord de l'extinction.

Même si la Norvège et l'Islande ne le respectent pas non plus, le moratoire a permis aux cétacés de reconstituer une partie de leurs populations. Ils sont cependant loin d'avoir retrouvé leur abondance. Ainsi, les 10 000 à 25 000 baleines bleues actuelles représentent sans doute moins de 5 % de leur effectif initial. Dans la plupart des anciens pays baleiniers, la chasse a été remplacée par un tourisme d'observation, dont le développement incontrôlé pourrait localement se révéler néfaste pour les cétacés, continuellement dérangés sur leurs principaux lieux de nourrissage ou de reproduction.

Moby Dick

Paru en 1851, *Moby Dick* est un livre double : d'un côté, il s'agit du récit initiatique et métaphysique de l'affrontement entre le capitaine Achab, commandant du *Pequod*, et un cachalot blanc, personnalisé par le nom de Moby Dick ; de l'autre, il s'agit d'un formidable document sur l'industrie baleinière et sur la vie à bord des navires partis de Nantucket pour de longues campagnes dans le Pacifique, la baleine s'étant déjà raréfiée dans l'Atlantique. Le narrateur, un jeune mousse nommé Ismaël, ressemble à l'auteur, l'Américain Herman Melville, qui a lui-même passé dix-huit mois à bord du baleinier *Acushnet*, entre 1840 et 1842. Il s'est aussi inspiré du récit d'un survivant de l'*Essex*, un navire coulé par un cachalot en 1820. Ismaël sera le seul rescapé du combat final entre Achab et la « baleine blanche ».

☛ VOIR AUSSI

1911 : Le retour de la loutre de mer

1975 : La révolution halieutique

1986

LA « LOI LITTORAL »

Les littoraux sont soumis à une pression urbanistique et à de multiples conflits d'usage. La France a tenté d'y répondre en élaborant un cadre législatif.

Un tiers de la population mondiale, soit environ 2,5 milliards d'humains, vivent à moins de 60 kilomètres d'un rivage marin, et cette concentration ne cesse d'augmenter. En France, les communes littorales, qui constituent 4 % du territoire, accueillent 10 % de la population, soit près de 7 millions de personnes, avec une capacité d'hébergement touristique équivalente. Si la proportion se stabilise, le nombre d'habitants, et donc la pression foncière, continuent à augmenter alors que ces communes ont déjà une densité 2,5 fois plus élevée que la moyenne et des sols nettement plus artificialisés.

Le littoral, milieu où s'opère « la délicate rencontre entre la terre et la mer » selon le rapport du Grenelle de la mer de 2009, est exposé à de multiples menaces : naturelles, avec l'érosion des côtes ou les risques de submersion, et humaines, avec les pollutions et la tentation du bétonnage, en particulier pour le tourisme de masse. Ce dernier, puissant moteur économique, multiplie néanmoins les contraintes sur l'espace (hôtels et immeubles, routes, privatisation des sites ou des accès à la mer) et les ressources. De plus, il risque de déposséder les habitants permanents : nombre de communes littorales comptent ainsi plus de résidences secondaires que principales.

Dès 1975, l'État crée le Conservatoire du littoral, un établissement public pouvant acquérir des portions de côtes. Il en détient aujourd'hui environ 15 %, ce qui est encore loin de l'objectif du « tiers sauvage » fixé par le Grenelle de la mer à l'horizon 2050. La loi de 1986 a élargi la démarche de préservation en interdisant les constructions nouvelles à moins de 100 mètres du rivage et en donnant plus de pouvoir aux maires pour limiter la bétonisation. Un revirement après les grands aménagements du littoral languedocien durant les Trente Glorieuses. Rappelons-nous qu'avec quelque 18 000 kilomètres, dont 5 800 en métropole, les côtes sont de loin la première frontière française.

Des îles artificielles pour héberger les hommes ?

De nombreux terre-pleins ou îles créés sur la mer existent dans le monde, en particulier au Japon et aux Pays-Bas, dont plus d'un quart du territoire est constitué de polders (deux Néerlandais sur trois vivent même sous le niveau de la mer). Souvent dévolus à des infrastructures (usines, ports ou aéroports comme celui du Kansai sur une île artificielle), ces terrains accueillent désormais des habitants, qui sont plus exposés à la montée des eaux, contrairement aux maisons flottantes d'Ijlburg, à Amsterdam, autre solution pour vivre sur l'eau. En 2009, l'émirat de Dubaï a inauguré un ensemble d'îles artificielles destinées aux touristes (très) fortunés, suivi par le Qatar. En 2014, l'entreprise japonaise Shimizu a même présenté le projet très utopique d'une ville sous-marine autonome de 4 000 habitants : Ocean Spiral.

☛ VOIR AUSSI

2011 : L'érosion des côtes
2015 : La France et la mer

L'essor des activités littorales accroît depuis longtemps la concentration de population près des côtes : ici, le village ostréicole de L'Herbe, près d'Arcachon.

1990

LES FEMMES ET LA MER

En 1990, Florence Arthaud améliore le record de traversée de l'Atlantique en solitaire et remporte la route du Rhum en moins de quinze jours. Elle reste la seule femme à avoir remporté cette course.

Il n'est pas si étrange d'attendre 1990 pour parler du rapport des femmes à la mer, car le monde maritime ne leur a longtemps laissé qu'une place subalterne : tolérées comme passagères ou infirmières, elles étaient surtout vouées à attendre à terre le retour des marins, comme épouses – qu'on espérait vertueuses – ou comme « filles à matelots », nécessaires mais méprisées. De fait, les figures féminines dans la culture maritime étaient caricaturales. Leur présence à bord était censée porter malheur. Les seules femmes embarquées relevaient de la légende ou de la supercherie. On peut citer l'exemple des « femmes pirates » comme Anne Bonny ou Mary Read, dont l'existence est sujette à caution, ou des exploratrices du XVIIIe siècle comme Jeanne Baret, qui participa à l'expédition de Bougainville habillée en homme, ou cette inconnue enrôlée par d'Entrecasteaux comme commis aux vivre, sous le nom de Girardin.

Avec le temps, les femmes gagnèrent leur place à bord. Le XIXe siècle vit Léonie d'Aunet explorer le Spitzberg et connut des « cap-hornières », femmes de capitaines mais aussi navigatrices, comme Eleanor Creesy sur le *Flying Cloud*, qui battit à deux reprises le record de traversée New York-San Francisco. Dans la course au large, après Florence Arthaud, Isabelle Autissier fut la première femme à boucler un tour du monde

Peu de temps avant sa mort accidentelle en 2015, Florence Arthaud expliquait sa retraite en affirmant que la voile « n'est pas un métier de femme ». Elle ne s'en sortait pourtant pas si mal...

en solitaire en 1991 ; Catherine Chabaud a quatorze traversées de l'Atlantique et deux tours du monde à son actif ; Ellen MacArthur a quant à elle battu le record du tour du monde en 2005. Pour autant, ces pionnières ont souvent eu plus de mal que leurs homologues masculins à trouver des sponsors.

Malgré tout, les métiers de la mer se féminisent, y compris les métiers embarqués : dans la Marine nationale, les femmes représentent désormais 15 % des effectifs et près de 10 % des personnels des navires de surface. Une femme a été promue contre-amiral en 2002 et, en 2017, trois officiers féminins ont embarqué sur un sous-marin nucléaire, ultime bastion de la masculinité.

Anita Conti, première océanographe française

D'origine arménienne, Anita Caracotchian (1899-1997) devient Conti par mariage en 1927. Elle fut toute sa vie fascinée par la mer et le monde des pêcheurs. Embarquée à plusieurs reprises pour des expéditions de « grande pêche », elle réalise de splendides reportages photographiques et des études scientifiques, dressant les premières cartes des zones de pêche. Dès avant la Seconde Guerre mondiale, elle s'alarme des risques de surpêche et milite pour la réduction des gaspillages générés par la pêche industrielle. Elle ne fut pas seulement « lanceuse d'alerte » : elle participa aux opérations navales durant la guerre, et créa ensuite plusieurs entreprises, dont des fermes aquacoles « modèles ». Elle laisse derrière elle plus de 45 000 photographies et de nombreux ouvrages, dont *L'Océan, les bêtes et l'homme* (1971).

☛ VOIR AUSSI

1766 : Bougainville, le voyage des faux-semblants
1954 : L'*USS Nautilus*

1991

LA CEINTURE DE FEU DU PACIFIQUE

Au printemps 1991, le vieux volcan Pinatubo semble sortir de son sommeil. Situé sur l'île de Luçon (Philippines), alors qu'il était au repos depuis plus de six siècles, il est agité de secousses et émet des fumées et des cendres.

Le 7 juin de la même année, les éruptions s'aggravent. Un dôme de lave émerge au sommet du volcan et de violentes explosions projettent des panaches de fumée qui s'élèvent à plusieurs dizaines de kilomètres d'altitude. L'explosion du 15 juin est paroxystique, avec des nuées ardentes de gaz et de cendres qui s'écoulent sur les flancs du volcan. Bien que la population de l'île ait été évacuée, l'éruption provoque la mort de centaines de personnes et détruit des milliers de maisons. C'est l'une des plus fortes éruptions terrestres du XXe siècle. Terrestre en apparence, mais due aux mouvements des fonds océaniques ! En effet, le Pinatubo fait partie de la célèbre « ceinture de feu » du Pacifique, un ensemble de volcans qui entourent l'océan sur près de 40 000 kilomètres, de la Nouvelle-Zélande à la Patagonie, en passant par le Japon et les Aléoutiennes. Beaucoup d'entre eux sont des « volcans gris », caractérisés par des laves très visqueuses dont l'éjection s'accompagne d'explosions extrêmement violentes.

L'éruption du Pinatubo a eu des conséquences climatiques dans le monde entier. Le volcan a éjecté 10 milliards de tonnes de magma et 20 millions de tonnes de dioxyde de soufre, un volume supérieur à celui qu'avait produit le Krakatoa en 1883.

Les poussières volcaniques ont formé un voile atmosphérique qui a réduit l'intensité du rayonnement solaire à la surface du sol sur l'ensemble de la Terre. La température moyenne de la planète a diminué de 0,5 °C au cours des deux années suivantes. Ce refroidissement provisoire a d'ailleurs provoqué une baisse du niveau de la mer de 5 mm.

Tectonique et volcanisme

Tous les volcans de la ceinture de feu du Pacifique sont situés au contact des plaques lithosphériques qui constituent la croûte terrestre. La plupart d'entre eux sont associés à la présence de fosses sous-marines et se trouvent dans des zones de subduction, où l'une des plaques s'enfonce sous une autre. Ces mouvements provoquent des séismes et un volcanisme particulier, très explosif, avec des dégagements de gaz toxiques. Ce volcanisme se distingue de celui des dorsales océaniques, dont les laves sont plus liquides et les éruptions moins explosives, comme les volcans islandais situés sur la dorsale médio-atlantique. Le volcanisme intraplaque, comme celui de la Réunion ou d'Hawaï, est encore différent.

☛ VOIR AUSSI

Il y a 4,4 milliards d'années : L'océan en héritage
Il y a 300 millions d'années : La Pangée et la Panthalassa
1634 : El Hierro, origine des méridiens

1992

LA GUERRE DE L'ANCHOIS

En 1992, de violents incidents opposent en pleine mer les pêcheurs espagnols et français. Finalement, un accord est signé, définissant les quotas, les zones de pêche et les matériels autorisés.

Malgré l'accord, la situation se dégrade à nouveau en 1994, lorsqu'un chalutier français est arraisonné par les pêcheurs espagnols. Les Français sont accusés par leurs concurrents d'avoir dépassé le quota d'anchois qui leur avait été alloué. En 1996, les pêcheurs français dénoncent l'accord en bloquant les ports. Puis, au cours des années 2000, la « guerre » fait place à la « crise de l'anchois ». Les quotas proposés par les biologistes des pêches ne sont pas respectés par la Commission européenne, qui autorise chaque année des captures trop élevées. Du fait de la surpêche, la population d'anchois s'effondre. En 2006, la pêche est interdite et ne sera rétablie qu'en 2010, lorsqu'il apparut que le stock d'anchois s'était reconstitué. Grâce à l'application de quotas plus réalistes, la pêche a ensuite pu se maintenir malgré d'importantes fluctuations de la biomasse des anchois. Cette issue n'était pourtant pas garantie. À Terre-Neuve par exemple, les stocks de morue n'ont jamais retrouvé leur abondance ancestrale, malgré l'interdiction complète de la pêche.

Des incidents similaires ont opposé, en 1995, les pêcheurs canadiens et espagnols pour les turbots de Terre-Neuve. Les conflits sont parfois dus à la confrontation des pêcheurs traditionnels et des navires industriels. Ils opposent aussi les pêcheurs aux aquaculteurs pour l'occupation du littoral.

Au niveau mondial, les captures d'animaux marins ont depuis les années 1950 été multipliées par cinq. Comme les ressources halieutiques sont surexploitées, ces rivalités ne peuvent que s'exacerber. Longtemps, la pêche européenne a été largement subventionnée, avec des navires de plus en plus gros et performants. Aujourd'hui, la tendance est plutôt à l'élimination des navires en surnombre. Chez tous les professionnels de la pêche, l'idée de gestion durable des ressources marines commence à prendre le pas sur la croyance en une mer inépuisable.

La gestion des pêches

La surpêche, ou surexploitation des stocks d'animaux marins, se traduit généralement par des captures en baisse alors que l'effort de pêche augmente. Pour une exploitation durable des ressources marines, il faut laisser aux populations visées la capacité de compenser les captures par la reproduction. Il est donc nécessaire d'estimer les populations présentes sous l'eau (les « stocks ») et de tenir compte de nombreux facteurs biologiques comme leur taux de reproduction, l'âge auquel ils se reproduisent ou leur vitesse de croissance. Le total autorisé de capture (ou TAC) est le poids total de poissons d'une espèce donnée que l'on peut capturer sans affecter le stock. Les quotas de pêche sont le résultat de la répartition, pays par pays, de ce TAC.

☛ VOIR AUSSI

1215 : 10 000 harengs en cadeau
1975 : La révolution halieutique

1995

LE SYSTÈME GPS

Le GPS (*Global Positioning System*) est, comme son nom l'indique, un dispositif de positionnement mondial fondé sur une constellation de satellites américains. Le premier a été lancé en 1978.

Depuis le lancement du 24e satellite en 1995, le GPS offre une couverture totale d'une grande précision pour les usages militaires, pour lesquels il a été conçu à partir de 1973. Le brouillage, qui limitait la précision accessible aux civils à une centaine de mètres, a été levé en 2000, ouvrant la voie à nombre d'utilisations commerciales… et à une internationalisation des trafics illégaux (drogue, piraterie, etc.) ! Sur la mer, le GPS (ou Navstar) a supplanté les instruments traditionnels de navigation, grâce à sa précision d'une dizaine de mètres et à sa lisibilité instantanée.

Sur le principe, le récepteur calcule sa position en déterminant la distance le séparant de quatre des satellites qui orbitent à 20 200 kilomètres d'altitude ; une couverture mondiale nécessite donc 24 satellites, même si la constellation en comporte aujourd'hui une trentaine, pas tous en service simultanément. Le système comprend également cinq stations de contrôle au sol, la principale étant à Colorado Springs, les quatre autres dans des archipels contrôlés par les États-Unis ou leurs alliés (Hawaï, île de l'Ascension, Diego Garcia et Kwajalein dans les îles Marshall).

Le GPS apporte une précision inédite, à la fois dans la localisation et dans la gestion des déplacements, donnant la possibilité d'un pilotage automatique ou d'un contrôle permanent pour les structures devant maintenir un positionnement comme les navires ou plateformes de forage à grande profondeur. Ses principaux défauts sont la confiance excessive des utilisateurs dans sa fiabilité et la dépendance à l'égard des États-Unis, qui peuvent brouiller le signal (donc diminuer sa précision) à volonté. Des systèmes concurrents existent néanmoins, à couverture régionale (Japon, Chine) ou mondiale (GLONASS russe), ou sont en cours de déploiement, comme le Beidou chinois ou la constellation européenne Galileo, plus précise que le GPS et compatible avec lui depuis 2019.

Des navires autonomes

La prochaine « révolution » des transports maritimes se situera dans la propulsion et l'autonomie des navires. Outre l'utilisation de carburants « propres » (gazole moins soufré, GPL) ou de dispositifs réduisant la consommation, comme les voiles rigides, la propulsion « tout électrique » est en cours de développement. L'étape suivante sera le navire autonome. Les technologies existent déjà et sont utilisées pour des drones de guerre des mines, mais l'accord signé en 2018 par Rolls Royce Marines, et Axa sur les aspects prudentiels, annonce une phase opérationnelle où les navires seront guidés depuis la terre. De quoi réduire encore l'équipage : les plus gros navires actuels fonctionnent déjà avec seulement une vingtaine de marins embarqués.

☛ VOIR AUSSI

Vers 530 : Le *Traité de l'Astrolabe*
1569 : L'*Atlas* de Mercator
1634 : El Hierro, origine des méridiens

1997

LA MANGROVE DES SUNDARBANS

La forêt des Sundarbans, la plus grande mangrove du monde, a été classée au patrimoine mondial de l'UNESCO en 1997. Elle est devenue en 2001 une réserve de biosphère.

Cette accumulation de titres est liée à l'exceptionnel intérêt de ce site, 140 000 hectares de forêt situés sur le littoral du golfe du Bengale, dans le delta du Gange. Les mangroves sont des forêts adaptées au milieu littoral, parsemées de vasières et d'îlots. La mer y pénètre profondément par des réseaux de canaux. Les arbres, notamment les palétuviers, sont capables de supporter l'eau salée. Les Sundarbans sont aussi l'une des plus importantes réserves de tigres du Bengale. La majeure partie de la faune et de la flore y est protégée (sauf les poissons et quelques invertébrés). Malgré toutes ces protections, la forêt est menacée par l'exploitation humaine, par la pollution et par la montée du niveau de la mer.

Les mangroves jouent un rôle important, bien au-delà des surfaces sur lesquelles poussent ces forêts marines. Les fonds vaseux des canaux abritent une riche faune marine. Ce sont des zones de reproduction pour les poissons et les crevettes. D'innombrables oiseaux viennent s'y nourrir et y nicher. Les pêcheurs y trouvent du poisson et des coquillages en abondance, ainsi que du bois. Les mangroves protègent également le littoral contre l'érosion due à la houle ou aux tempêtes.

En 1971, la convention de Ramsar a réuni 18 pays (aujourd'hui 168) autour du principe de protection des zones humides, c'est-à-dire toutes les zones ni franchement terrestres, ni franchement aquatiques. Ces milieux naturels sont particulièrement riches en faune et en flore, mais ont aussi été souvent asséchés et transformés en terres agricoles ou en zones urbaines. Ainsi, plus de la moitié des mangroves ont disparu de la surface du globe au cours du XXe siècle.

Zones humides maritimes

Il existe plusieurs types de zones humides maritimes. À l'embouchure des grands fleuves, les estuaires se caractérisent par une salinité variable, qui dépend du débit du fleuve et de la dynamique du mélange des eaux douces et salées. Situés dans des baies et des estuaires, les prés-salés sont des prairies en apparence plutôt terrestres, mais ils sont recouverts par la mer lors des grandes marées. Enfin, les marais littoraux et les lagunes reçoivent en permanence ou périodiquement des apports d'eau de mer. L'eau y est saumâtre, d'une salinité inférieure à celle de l'eau de mer, très faible à l'embouchure des rivières.

☛ VOIR AUSSI

2017 : Les aires marines protégées

La mangrove des Sundarbans est parcourue de multiples canaux où se mêlent eaux douces et eau de mer (voir cahier couleurs, p. XII).

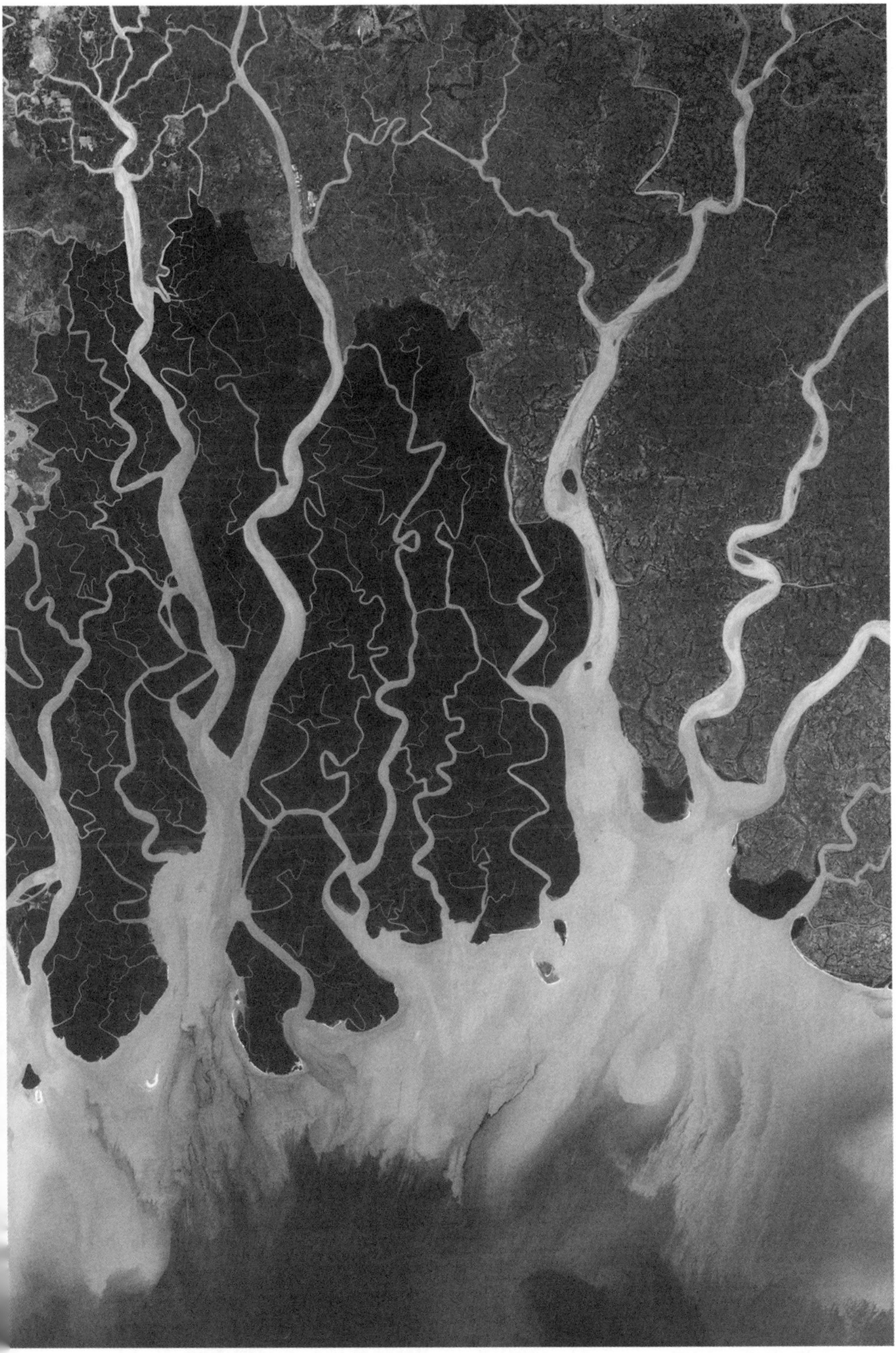

1997

HONG KONG REDEVIENT CHINOISE

Après 155 ans d'une occupation qui en fit le symbole d'une Chine humiliée par les « traités inégaux », l'île de Hong Kong et ses dépendances deviennent celui d'une puissance à nouveau ouverte sur le monde.

Occupée par les Britanniques lors de la première guerre de l'opium (1839-1842), l'île de Hong Kong s'agrandit en 1860, puis en 1898 de la péninsule de Kowloon et des « Nouveaux Territoires », situés sur le continent, portant la superficie de l'ensemble à un peu plus de 1 000 km^2.

Après 1949, Hong Kong devient une enclave libérale aux portes d'un bastion du communisme mondial : sa bourse, ses multinationales, sa population cosmopolite, ses institutions démocratiques en font l'antithèse de la Chine de Mao. En revanche, la politique d'ouverture initiée par Deng Xiaoping y trouve un modèle et un partenaire idéal : sur les quatre premières zones économiques spéciales créées en 1980 pour attirer les investisseurs étrangers, deux se trouvaient à côté de Hong Kong – Zhuhai, et surtout Shenzhen, passée de 50 000 à 10 millions d' habitants, quarante ans après. Pour éviter une fuite de la population et des investisseurs, les dirigeants chinois ont consenti à Hong Kong un statut de Région autonome spéciale qui préserve sa spécificité jusqu'en 2047, mais la répression du mouvement démocratique après la « révolution des parapluies » de 2014 a montré que le gouvernement de Pékin n'attendrait pas cette échéance pour mettre au pas le territoire, imposant son candidat à la tête de l'exécutif en 2022.

Hong Kong atteint des densités de population record – 130 000 habitants/km^2 dans le quartier de Mong Kok, car 20 % du territoire seulement est constructible à cause du relief.

Avec 7,3 millions d'habitants en 2017, Hong Kong représente un peu plus de 10 % de la mégalopole de la Rivière des Perles, aussi peuplée que la France. Le delta de la Rivière des Perles illustre aussi le phénomène des « grappes » portuaires, la multiplication de sites voisins pour désengorger les ports les plus fréquentés : Shenzhen était ainsi en 2022 le quatrième port mondial pour les conteneurs, Hong Kong le dixième et Guangzhou (Canton, au fond du delta) le sixième. À eux trois, ils représentent cinq fois le trafic de Rotterdam.

Shanghai, premier port mondial ?

Autre figure de proue de la politique d'ouverture chinoise après Mao : Shanghai, dont le nom signifie « sur la mer », a dépassé Singapour en 2005 pour le trafic global, mesuré en millions de tonnes. Elle est aussi le premier port pour le trafic de conteneurs depuis 2010. Avec moins de 2 % de la population chinoise (24 millions d'habitants), elle produit 20 % du PIB national grâce à son rôle de place financière mais aussi, bien sûr, à son port, qui assure 20 % des exportations du pays. L'ascension du port de Shanghai reflète le dynamisme de la Chine : de Dalian, sur la mer Jaune, à Hong Kong, seize ports de conteneurs chinois comptent parmi les vingt premiers mondiaux, dont sept des dix premiers. Pourtant, Shanghai est dépassé depuis 2012 pour le trafic global par l'ensemble Ningbo-Zhousan, qui a traité plus de 1,2 milliard de tonnes en 2022 ! Cette même année, avec une chute de 5 % de son trafic, Shanghai a même été dépassé par Tangshan, le voisin de Tianjin sur le golfe de Bohai, au nord de la mer Jaune.

☛ VOIR AUSSI

1968 : La maritimisation de l'économie

2007

L'ARCTIQUE, NOUVELLE FRONTIÈRE

À l'été 2007, une mission russe dépose un drapeau en titane par 4 000 mètres de fond, à la latitude du pôle, réaffirmant ainsi les revendications du pays sur une large partie de l'océan Arctique.

La guerre du pôle aura-t-elle lieu ? Les cinq autres riverains de cet océan – Canada, Danemark, États-Unis, Islande et Norvège – ont bien sûr protesté, mais rien n'indique un conflit à venir. À mille lieues de la sanctuarisation imposée en Antarctique, les riverains ont constitué dès 1996 un Conseil de l'Arctique, qui intègre tous les pays scandinaves et six associations des peuples autochtones pour gérer la zone. Les exemples de coopération et de compromis (comme entre la Russie et la Norvège en 2010, à propos du Spitzberg) montrent que les perspectives d'exploitation des richesses marines et sous-marines permettent aux États de surmonter leurs vieilles querelles… Même si les demandes d'extension de plateau continental déposées risquent d'ouvrir de nouveaux litiges. Il faut dire que les réserves de gaz de l'Arctique pourraient égaler celles de la Russie et du Turkménistan réunis.

Le réchauffement climatique devrait faciliter cette exploitation en faisant fondre la banquise – le pôle Nord n'est en effet constitué que de mer gelée. Ce recul estival promet aussi des routes maritimes plus courtes entre Atlantique et Pacifique, en particulier via la route du Nord-est, le long des côtes russes, qui est une route commerciale depuis 2009. Elle n'est cependant empruntée que par une cinquantaine de navires par an

– il en passe autant chaque jour à Suez et en un après-midi devant Calais ! Les routes arctiques restent un sujet de controverse juridique entre le Canada et la Russie d'une part, qui les considèrent comme des « eaux intérieures » qu'ils entendent réglementer, et les autres usagers d'autre part, qui les voient comme des passages internationaux d'accès libre, en vertu de la convention de Montego Bay.

Le traité sur l'Antarctique

Contrairement à l'Arctique, l'Antarctique est un continent. Sa superficie est de 14 millions de kilomètres carrés, soit plus que l'Océanie ou que l'Europe. Il est recouvert à 98 % de glaces permanentes sur plus d'1,5 kilomètre d'épaisseur (cet inlandsis représente 70 % des réserves d'eau douce du globe). Les eaux environnantes, notamment le passage de Drake, au sud du cap Horn, sont poissonneuses grâce à la convergence antarctique, brassage d'eaux polaires et d'eaux tropicales. Une manne inexploitée : le traité international conclu en 1959, complété par le protocole de Madrid en 1991, interdit toute activité humaine autre que la recherche scientifique au sud du 60e degré de latitude, et fige les revendications territoriales aux sept secteurs déjà attribués (Argentine, Australie, Chili, France, Norvège, Nouvelle-Zélande, Royeume-Uni).

☛ VOIR AUSSI

1905 : Le passage du Nord-Ouest
1982 : La Convention de Montego Bay

L'Arctique en été. Le Groenland se détache bien (à droite), et la banquise recule davantage le long des côtes russes (en haut) que le long des côtes canadiennes. Le nom « arctique » vient d'un mot grec signifiant « ours », en référence aux constellations de la Grande et de la Petite Ourse, situées au Nord (voir cahier couleurs, p. XIII).

2009

TARA

La goélette scientifique *Tara* a fait plusieurs fois le tour du monde, s'est laissée dériver dans les glaces de la banquise arctique et a remonté les grands fleuves européens à la recherche des microplastiques. Et surtout, elle a marqué une étape nouvelle dans l'étude des micro-organismes marins.

De 2009 à 2013, le voilier a parcouru 140 000 kilomètres (plus que le HMS *Challenger* au XIXe siècle) pour l'expédition « Tara-Océans ». Les navigateurs ont prélevé plus de 40 000 échantillons entre la surface et 1 000 mètres de profondeur. Leur principal objectif était d'effectuer une étude détaillée du plancton marin mondial pour mieux comprendre le fonctionnement de l'écosystème océanique. Or les animaux, les algues ou les micro-organismes qui constituent le plancton sont à la fois extrêmement divers et dispersés dans d'immenses volumes. En filtrant l'eau, il est possible de récolter ces organismes, mais le travail d'identification demande beaucoup de temps, à tel point qu'il n'est pas réaliste de le réaliser à grand échelle.

Afin de dépasser cet obstacle, les chercheurs de *Tara* ont misé sur une analyse fonctionnelle de l'ADN des organismes, en cherchant quels gènes étaient présents dans les échantillons, lesquels étaient réellement actifs et quelles fonctions ils pouvaient remplir dans l'écosystème. Partis alors que la technique était encore trop lente pour traiter leurs données, c'est au cours de leur voyage que le séquençage à haut débit a atteint le niveau suffisant pour ce type d'opération.

La goélette *Tara* près de l'île de Groix.

Le consortium international réuni autour de leur expédition a ainsi séquencé près d'un milliard de fragments d'ADN, ensuite traduits en gènes puis en fonctions biologiques. Cette étude, nommée « métagénomique », donne accès aux processus à l'œuvre dans les écosystèmes, sans recourir à une description détaillée de toutes les espèces présentes. Les chercheurs ont ainsi identifié 150 000 types génétiques, alors que seules 11 000 espèces étaient jusqu'alors connues dans le plancton. Un tiers des organismes analysés ne peuvent même pas être inclus dans les grandes catégories zoologiques ou botaniques actuelles. Ces travaux ont donné lieu à des centaines d'articles et continuent d'alimenter les travaux des chercheurs, dans des domaines divers comme l'impact du réchauffement climatique sur la calcification des organismes marins ou sur la consommation du CO_2 par les microalgues du plancton végétal.

Le microplancton océanique

Le plancton « classique » est constitué d'animaux et de végétaux, souvent de petite taille, et soumis aux mouvements des vagues et des courants. Comme ils se reproduisent rapidement, la production de matière organique est gigantesque. Le plancton joue donc un rôle essentiel dans les réseaux alimentaires océaniques. De plus, le plancton végétal est l'un des plus importants consommateurs de CO_2, donc un puits de carbone essentiel pour l'atténuation du réchauffement climatique. *Tara* a mis en évidence un plancton encore plus petit, constitué de bactéries, de champignons et de virus océaniques d'une étonnante diversité et dont le rôle reste encore à préciser.

☛ VOIR AUSSI

1793 : Marées rouges, vertes et blanches
1904 : Le zooplancton
2014 : Le réchauffement climatique

2011

TSUNAMI SUR LE JAPON

Le 11 mars 2011, le Japon est frappé par un tsunami exceptionnel, consécutif à un séisme sous-marin. L'archipel est en permanence exposé à de nombreux cataclysmes naturels.

Le mot japonais *tsunami* signifie « vague de port ». En effet, peu visible en mer, ce raz-de-marée provoqué par un séisme au niveau du plancher océanique se manifeste surtout sur le littoral : d'abord par un mouvement de retrait de la mer qui semble fuir le rivage, puis par une remontée brutale bien au-delà du niveau d'origine. L'Asie du Sud et de l'Est sont particulièrement exposées à ces mouvements, car elles sont au carrefour de multiples zones sismiques, dont la « ceinture de feu » du Pacifique, l'océan Indien et le grand rift du nord-est africain.

Au siècle dernier, le Pacifique a connu près de 800 tsunamis, soit un tous les mois et demi. Au début du XXIe siècle, deux tsunamis majeurs ont eu lieu en Asie, initiés par des séismes de magnitude égale ou supérieure à 9 sur l'échelle de Richter, dont le niveau maximal provisoire est de 9,5. Celui de décembre 2004 a balayé l'océan Indien depuis le nord de l'île de Sumatra et causé entre 215 000 et 250 000 morts ou disparus. Celui du 11 mars 2011 a frappé la côte Pacifique du nord de l'île de Honshu, la principale île du Japon. Il était composé de deux tsunamis qui ont fusionné. Les vagues générées, parfois hautes de 39 mètres, ont dévasté 600 kilomètres de côtes, pénétrant jusqu'à 10 kilomètres à l'intérieur des terres. Le tremblement de terre initial fit assez peu de victimes, contrairement au tsunami qui causa plus de 18 000 morts, et engendra des pertes de plus de 175 milliards d'euros. L'effet le plus connu est la destruction de la centrale nucléaire de Fukushima, entraînant l'arrêt de 85 % des centrales nucléaires du pays à la fin de l'année, alors que l'atome fournissait un tiers de l'électricité japonaise avant la catastrophe. L'interrogation sur l'énergie nucléaire a été relancée bien au-delà du Japon : plusieurs pays européens ont renoncé à cette technologie. Aujourd'hui, cependant, le Japon a réactivé ses centrales et de nombreux pays, dont la France, prévoient de relancer cette technologie, mise en avant lors de la COP28 en décembre 2023.

Le tsunami de Lisbonne, catastrophe « philosophique »

Par ses conséquences matérielles et psychologiques, le tsunami de 2011 peut être comparé au tremblement de terre qui a frappé Lisbonne le 1er novembre 1755. Ce séisme a également été suivi d'un tsunami et d'un gigantesque incendie qui a détruit presque totalement la ville. 20 % de la population lisboète trouva la mort et le Portugal, puissance coloniale déjà en recul, ne s'en releva pas. Les philosophes des Lumières se passionnèrent pour la recherche des causes physiques du phénomène, à l'image de Kant, initiant la sismologie moderne. Ils remirent en cause l'explication métaphysique des catastrophes par la colère divine, et Voltaire en fit un argument contre la vision du « meilleur des mondes possibles » de Leibniz.

☛ VOIR AUSSI

1991 : La ceinture de feu du Pacifique
2013 : Le super typhon *Haiyan*

Lors du tsunami de 2011, à Tohuku, de nombreux bateaux ont été transportés dans les terres.

2013

UN PARC ÉOLIEN GÉANT

En juillet 2013, le plus grand parc éolien offshore du monde était inauguré à London Array, avec 173 turbines sur 100 km². Mais la mer recèle bien d'autres sources d'énergie.

Les Énergies marines renouvelables (EMR) présentent de grandes différences de rendement et de maturité. Deux en sont au stade industriel, à savoir l'éolien offshore et l'énergie marémotrice (qui exploite les différences de hauteur d'eau entre les marées), connue depuis l'Antiquité, mais leur contribution reste marginale : on ne compte que quatre centrales marémotrices dans le monde, et la production de l'éolien offshore représente moins de 0,5 % de la production électrique mondiale. L'énergie hydrolienne (turbines immergées dans des zones de courants) commence à fournir de l'énergie, mais le nombre de sites intéressants reste limité, comme pour l'énergie thermique des mers. L'énergie éolienne a un rendement intermittent et un facteur de charge (rapport entre la puissance installée et l'énergie effectivement produite) compris entre 25 et 40 %, et nécessite donc d'autres sources et le recours aux échanges internationaux pour « lisser » la production.

L'éolien offshore, qui n'est pas à proprement parler une énergie « marine », illustre bien le potentiel et les contraintes de ces nouvelles énergies. Les installations en mer soulèvent moins d'opposition qu'à terre, mais ne sont pas sans impact environnemental sur les oiseaux et espèces marines. Les vents sont plus constants et la puissance unitaire des turbines ne cesse d'augmenter (aujourd'hui 13 mégawatts), procurant un meilleur rendement ; mais la durée de vie des installations, exposées à un milieu très agressif, est évaluée à une vingtaine d'années seulement. L'implantation de parcs éoliens a quand même fortement progressé ces dernières années, en particulier en Europe, où l'éolien fournit désormais 17 % de l'électricité et où l'éolien offshore dépasse les 30 GW installés ; avec le développement d'éoliennes flottantes, les champs s'éloignent des côtes, réduisant les nuisances. Le plus grand champ du monde est aujourd'hui le complexe de Hornsea, au nord de l'Angleterre, dont les deux champs installés (sur quatre) totalisent 339 turbines et 2 600 MW de puissance nominale.

Vers le pétrole bleu ?

En présence de lumière et si on leur fournit tous les sels minéraux nécessaires, les algues planctoniques grossissent et se multiplient, à tel point que leur masse peut doubler en 24 heures. À partir du CO_2 atmosphérique dissous dans l'eau, elles synthétisent de la matière organique riche en huile qui, chez certaines espèces, est directement transformée en hydrocarbures. Il est alors possible de produire du carburant, voire des matières plastiques. Contrairement aux agrocarburants créés à partir du maïs ou de la betterave, ce biopétrole ne repose pas sur l'utilisation de surfaces agricoles. Sa production est encore à l'état expérimental.

☛ VOIR AUSSI

1937 : L'extraction *offshore*

2013

LE SUPER-TYPHON *HAIYAN*

Les zones maritimes intertropicales connaissent des phénomènes météorologiques appelés globalement cyclones, localement ouragans ou typhons. *Haiyan* est l'un des plus puissants observés à ce jour.

Contrairement à d'autres phénomènes météorologiques ou géologiques, les cyclones (du grec *kyklos*, qui signifie « cercle », en raison de leur forme) sont inséparables du milieu maritime puisqu'ils naissent d'un échauffement de la surface des mers. Ils constituent le stade ultime d'une dépression tropicale dégradée en tempête tropicale, avant d'atteindre le stade cyclonique. Dans l'Atlantique Nord, où les cyclones sont appelés « ouragans », leur puissance est évaluée en cinq degrés, mais cette échelle n'est pas utilisée universellement.

La plupart des cyclones se forment entre 10° et 20° de latitude. C'est là qu'en fin d'été, se réunissent les « ingrédients » nécessaires, environ quatre-vingts fois par an : d'abord une eau chaude (28 °C en surface et 26 °C jusqu'à 60 mètres de profondeur), à l'origine d'une évaporation qui alimente la « machine thermique » du cyclone ; ensuite la force de Coriolis, qui entretient le mouvement rotatif interne (les cyclones se raréfient vers l'équateur où cette force s'annule) ; enfin des cellules orageuses qui créent des aspirations d'air vers le haut, amorçant le phénomène. Lorsque les cyclones arrivent sur des eaux plus froides ou à terre, ils perdent en puissance et le tourbillon d'air qui les caractérise cesse, même si les vents peuvent rester forts un certain temps.

L'ouragan Florence, en septembre 2018, photographié depuis la Station spatiale internationale (ISS) par l'astronaute Alexander Gerst. Le cyclone, dont on aperçoit clairement l'œil, avait atteint la catégorie 4 (sur 5) et 600 km de diamètre avant de rétrograder en tempête tropicale en touchant les États-Unis (voir cahier couleurs, p. XIV).

Formé à proximité des îles Marshall, dans le Pacifique central, *Haiyan* a glissé vers l'ouest jusqu'aux Philippines, faisant 5 000 morts. Puis il a touché terre au Vietnam et au sud de la Chine. Il est classé parmi les « super-typhons » en raison de rafales à 315 km/h. Avec le réchauffement des océans, les ouragans majeurs pourraient se multiplier, mais ce ne sont pas toujours les plus puissants qui font le plus de victimes : le cyclone le plus meurtrier de l'histoire, à Bhola en 1970, n'était que de catégorie 3, mais il fit entre 250 000 et 500 000 morts ou disparus au Bangladesh et en Inde, en raison des inondations qu'il déclencha.

☛ VOIR AUSSI

2011 : Tsunami sur le Japon

2013

LA GÉLIFICATION DES OCÉANS

En aquarium, elles sont fascinantes, mais dans l'océan, leur prolifération est plutôt inquiétante. Les méduses semblent de plus en plus nombreuses et pullulent sur les plages, dans les filets des pêcheurs ou dans les tuyaux de refroidissement des centrales nucléaires littorales.

En 2013, la Commission internationale pour l'exploration scientifique de la Méditerranée (CIESM) lance le programme « JellyWatch », destiné à étudier les pullulations des méduses dans les eaux méditerranéennes, mettant à contribution les pêcheurs, les marins, les plongeurs ou les simples baigneurs, tous invités à transmettre leurs observations aux chercheurs. L'augmentation de la population des méduses est un phénomène constaté par les biologistes dans l'ensemble des océans, à tel point que certains parlent d'une « gélification » pour qualifier leur prolifération.

Les méduses sont soumises aux mouvements de la mer et font ainsi partie du plancton, malgré leur taille parfois imposante. Elles se nourrissent d'ailleurs d'animaux du plancton et de petits poissons. Certaines d'entre elles se reproduisent en pleine eau. De leurs œufs sortent des larves qui se métamorphosent en petites méduses. D'autres ont un cycle plus complexe : leurs œufs tombent au fond et forment de petits organismes fixés aux rochers, les polypes ; ceux-ci bourgeonnent et produisent les méduses qui prennent leur autonomie et grandissent en pleine eau.

Pour les chercheurs, plusieurs facteurs peuvent expliquer leur pullulation, notamment la surpêche, qui élimine une partie de leurs prédateurs et leur laisse plus de nourriture à consommer. Le réchauffement des eaux océaniques peut accélérer leur développement alors qu'il perturbe les coraux, leurs proches cousins. Les déchets plastiques de plus en plus abondants offrent toujours davantage de supports aux polypes qui produisent les méduses. La pollution par les engrais, enfin, les favorise sans doute aussi. En effet, une fois en mer, les nitrates et phosphates charriés par les fleuves favorisent le développement du plancton végétal, puis du plancton animal (qui s'en nourrit), et enfin des méduses planctonophages.

Au-delà des conséquences financières directes de ces proliférations, les méduses pourraient modifier l'équilibre de l'écosystème océanique en prenant la place des poissons de façon permanente. Comme elles consomment les œufs et les larves des poissons, plus elles sont nombreuses, plus elles réduisent le nombre de leurs concurrents, risquant d'aboutir un jour à cette « gélification » annoncée des océans.

Les cnidaires

Les méduses appartiennent à un groupe zoologique très ancien, présent dans les océans (et les eaux douces) depuis près de 600 millions d'années. Les cnidaires réunissent les anémones de mer, les méduses, les coraux et d'autres formes moins connues, qui toutes possèdent des cellules urticantes – les cnidocytes. Ces animaux sont dépourvus de cerveau, mais certains d'entre eux possèdent des yeux rudimentaires qui leur permettent de s'orienter lorsqu'ils évoluent en profondeur.

☛ VOIR AUSSI

1904 : Le zooplancton
2014 : Le réchauffement climatique
2015 : Le blanchiment des coraux

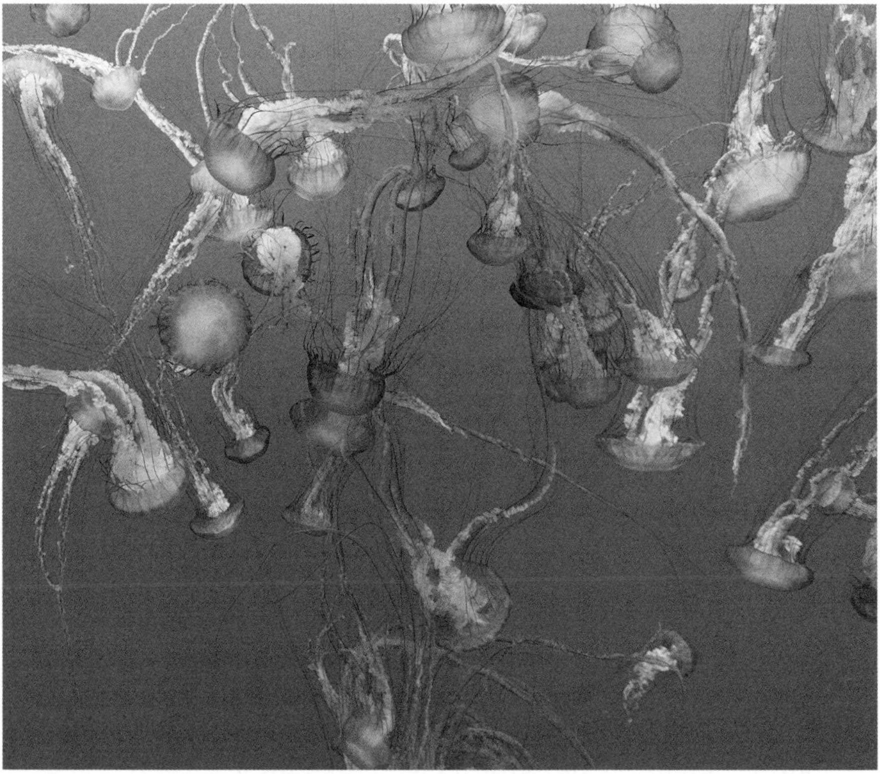

Au nord du Pacifique, la méduse dorée forme en été des bancs immenses.
Elle consomme jusqu'à 10 % du zooplancton par jour.

2014

L'ÉROSION DES CÔTES

Construit dans les années 1960 à 200 mètres de la mer, en Gironde, l'immeuble « Le Signal » a été évacué en 2014 car les vagues s'en approchaient dangereusement. Devenu en France l'un des symboles de l'érosion des côtes, il a été démoli en 2023.

Partout dans le monde, des rivages cèdent du terrain sous l'assaut des vagues ; tandis que d'autres progressent sur la mer, alimentés par les sédiments charriés par les fleuves. Au niveau mondial, les deux phénomènes ne se compensent pas et la tendance générale est plutôt à l'érosion des côtes. Ainsi, sur les 5 853 km de côtes françaises (en métropole), un quart recule et un dixième progresse. Le nord de la côte aquitaine perd de 1 à 3 m par an, et localement jusqu'à 10 m.

Naturellement, le rivage subit des modifications incessantes. Les plages, les dunes, les vasières changent de forme en fonction de l'action de la mer et du vent. Il arrive souvent que les plages se dégarnissent en hiver lorsque les vagues sont plus puissantes, pour retrouver au printemps le sable qu'elles avaient perdu, apporté par les courants côtiers. Quant aux falaises, elles sont affaiblies par la pluie qui s'infiltre dans le sous-sol. Le gel fait éclater les roches et provoque des éboulements qui sont ensuite déblayés par les vagues. Des événements catastrophiques, comme les ouragans ou les tsunamis peuvent aussi modifier de façon irréversible le trait de côte.

Ces variations naturelles sont accentuées par les activités humaines. L'aménagement du littoral joue un rôle important, notamment les digues ou les épis qui modifient les courants côtiers et ralentissent le transport du sable par la mer. Les barrages construits sur les fleuves retiennent les sédiments arrachés par les torrents qui cessent alors d'alimenter le littoral. De même, la suppression de la végétation peut fragiliser des dunes et faciliter l'érosion du rivage. Avec le réchauffement climatique, ce mouvement s'est accéléré en raison de l'élévation du niveau de la mer et de l'augmentation du nombre et de l'intensité des tempêtes.

Intrusions marines

Les résultats de l'érosion sont parfois très visibles, lorsque les routes ou les maisons sont directement menacées. Mais la montée du niveau de la mer a d'autres conséquences, comme des intrusions salines plus profondes dans le sous-sol du littoral. L'eau de mer forme généralement un biseau sous les eaux douces des nappes d'eau souterraines. Les experts prévoient une progression de l'eau de mer vers la terre, ce qui aura pour conséquence de repousser les aquifères (terrain perméable permettant l'écoulement d'une nappe souterraine) côtiers qui ne pourront alors plus fournir d'eau potable. De plus, les eaux salées remontant par capillarité risquent de stériliser les terres agricoles.

☛ VOIR AUSSI

Il y a 100 millions d'années : Le niveau de la mer est au plus haut
2014 : Le réchauffement climatique

2014

LE RÉCHAUFFEMENT CLIMATIQUE

En 2014, des instituts de recherche et des associations impliqués dans les relations océan-atmosphère créent la Plateforme Océan et Climat (POC).

Pour les spécialistes, l'océan n'était pas suffisamment pris en compte lors des grands rendez-vous internationaux consacrés au réchauffement, alors qu'il joue un rôle majeur dans la régulation du climat à la surface de la Terre. L'un des facteurs expliquant ce désintérêt était sans doute le fait que plus de la moitié de sa surface n'est sous le contrôle d'aucun État.

Or l'océan assure des fonctions majeures pour tous les êtres vivants, marins ou terrestres. Il est le premier fournisseur d'oxygène de la planète, grâce à l'activité du phytoplancton, et il absorbe environ un tiers des émissions humaines de dioxyde de carbone (CO_2). Les écosystèmes océaniques et littoraux assurent de multiples services. Les poissons fournissent des protéines à près d'un milliard d'êtres humains. Les mangroves protègent les côtes contre l'érosion. Les océans interviennent dans l'économie, par le transport des marchandises et le tourisme. Ils sont une source inépuisable d'émerveillement et de connaissances.

Or, le réchauffement climatique affecte le milieu marin. L'élévation du taux de CO_2 augmente l'acidité de l'eau, ce qui fragilise les organismes à coquille calcaire. La hausse de la température moyenne de l'eau diminue la quantité d'oxygène dissous. C'est un effet automatique du réchauffement (lorsque l'eau chauffe, elle se dégaze), mais c'est aussi le résultat d'une plus forte stabilité des strates d'eau. En effet, plus l'eau est chaude, moins elle a tendance à se mélanger aux eaux plus froides situées en profondeur. Les couches inférieures sont donc de moins en moins alimentées en oxygène. L'augmentation de la température de surface de l'eau de mer pourrait aussi modifier les courants, avec des conséquences imprévisibles sur les climats locaux et la répartition des organismes marins.

Zones mortes

La baisse de la concentration de l'oxygène (O_2) dissous est déjà une réalité. Des zones hypoxiques, impropres à la vie de la plupart des animaux marins, apparaissent, souvent entre 200 et 800 mètres de profondeur. Les surfaces ainsi stérilisées ont vu leur superficie multipliée par dix depuis 1950. Ainsi, en 2018, une « zone morte » immense a été détectée dans le golfe d'Oman, dans l'océan Indien. Ce phénomène peut être accentué par la pollution via les nitrates et les phosphates, qui provoquent des proliférations d'algues. Après leur mort, leur décomposition consomme beaucoup d'oxygène. De plus, les micro-organismes capables de vivre sans oxygène émettent des gaz à effet de serre, ce qui ne peut qu'accélérer l'accroissement de la température de l'eau.

☛ VOIR AUSSI

1793 : Marées rouges, vertes et blanches
2014 : L'érosion des côtes
2015 : Le blanchiment des coraux

2014

EL NIÑO

Les années 2014 à 2016 furent marquées par un épisode El Niño particulièrement intense, responsable de sécheresses au Venezuela et en Australie, d'inondations dans les archipels du Pacifique et d'une augmentation de la fréquence des typhons.

El Niño est un événement climatique dont les effets se font sentir à la période de Noël pour les pêcheurs du Pérou, d'où son surnom (en espagnol *le petit*, en l'occurrence l'enfant Jésus). Les scientifiques le nomment ENSO, soit El Niño Southern Oscillation. Tous les 2 à 7 ans, sans régularité, un courant chaud fait son apparition au large du Pérou au début de l'été austral, remplaçant les eaux froides qui baignent d'habitude ses côtes. Les poissons se raréfient et les pêcheurs rentrent au port. Mais ce n'est qu'un aspect d'un événement qui touche l'ensemble de l'océan Pacifique.

Ce phénomène complexe est déclenché par une modification de la pression atmosphérique et du régime des vents au-dessus du Pacifique. Ce changement provoque une accumulation d'eau chaude à l'ouest du Pacifique. Puis, lorsque les vents faiblissent, ces eaux de surface s'étalent vers l'est. Près du Pérou, les eaux froides sont remplacées par des eaux plus chaudes, qui sont aussi plus pauvres en plancton, donc en poissons. Des pluies inhabituelles arrosent alors le littoral aride du Pérou et de l'Équateur.

Les masses d'eau considérables impliquées dans le phénomène modifient les vents et l'humidité de l'air dans toutes les régions situées autour du Pacifique. Ainsi, l'Indonésie et l'Australie subissent des sécheresses et un fort accroissement des feux de forêts. À l'inverse, les hivers El Niño sont généralement pluvieux à l'ouest et au sud des États-Unis, qui peuvent connaître des tempêtes et des inondations catastrophiques.

Un autre événement El Niño, en 1997-1998, a été responsable de milliers de morts du fait des cyclones, des sécheresses, des incendies ou des inondations. D'après les économistes, ses dégâts ont coûté entre 28 et 84 milliards d'euros.

Les upwellings

Du côté des côtes du Pérou et de l'Équateur, les vents dominants chassent les eaux chaudes de surface vers le large. Ces courants provoquent un « upwelling », une remontée d'eaux profondes froides et riches en sels minéraux. Le plancton végétal prolifère, nourrissant le zooplancton et des petits poissons comme les anchois ou les sardines. Cette manne attire des calmars, de grands poissons prédateurs, des oiseaux et des mammifères marins. La région est donc une zone de pêche très poissonneuse, lorsque l'upwelling fonctionne, donc en dehors des événements El Niño. Il existe trois autres upwellings majeurs dans le monde. À elles quatre, ces régions fournissent 40% des captures mondiales de poissons, alors qu'elles ne représentent que 3% de la surface des océans.

VOIR AUSSI

Il y a 4,1 millions d'années : La naissance du Gulf Stream
1793 : Marées rouges, vertes et blanches
1904 : Le zooplancton
1975 : La révolution halieutique
2014 : Le réchauffement climatique

2015

LA FRANCE ET LA MER

En septembre 2015, la France a obtenu une extension de près de 580 000 km^2 de son plateau continental, confortant ainsi son rang de deuxième plus grand domaine maritime au monde.

Selon les données du Service hydrographique et océanographique de la Marine (SHOM), la France possède plus de dix millions de kilomètres carrés de Zone économique exclusive (ZEE), où elle dispose de droits souverains d'ordre économique et d'un pouvoir de juridiction, notamment dans le domaine environnemental. À cela s'ajoute désormais plus d'un million de kilomètres carrés de plateau continental où l'État peut réglementer uniquement l'accès aux ressources minérales, y compris souterraines.

Le plateau continental correspond au plancher de la ZEE mais peut se prolonger jusqu'à 350 milles marins au plus, ou jusqu'à 100 milles au-delà de l'isobathe (ligne de points à la même profondeur) 2 500 mètres, à condition que la marge continentale aille jusque-là. La marge continentale est constituée du prolongement en pente douce des fonds marins situés dans la continuité géologique de la côte. Elle comprend donc le « talus continental », zone où les fonds plongent brutalement jusqu'à la plaine abyssale. L'extension du plateau continental doit être validée par une commission spécialisée des Nations Unies à partir d'un dossier appuyé sur des études géologiques. Les États-Unis, n'ayant pas signé la Convention de Montego Bay, ne disposent pas de cette possibilité d'extension, ce qui donne à la France le premier domaine sous-maritime mondial.

En raison de la proximité d'autres riverains, la métropole ne fournit qu'un peu plus de 3 % de la ZEE française, dont les deux tiers se trouvent dans l'océan Pacifique et plus d'un quart dans l'océan Indien. L'extension récente ne sera sûrement pas la dernière car d'autres dossiers, en cours d'instruction, pourraient apporter un million de kilomètres carrés supplémentaire. Elle place la France dans une position favorable pour l'exploitation actuelle ou future des ressources océaniques, domaine dans lequel elle dispose de compétences reconnues, grâce à des entreprises privées ou des organismes publics, comme l'Ifremer. Cela suppose néanmoins qu'elle ait les moyens de faire respecter sa souveraineté sur des eaux situées très loin de la métropole, et même de toute terre habitée.

Les Terres australes et antarctiques françaises (TAAF)

Cette collectivité d'outre-mer est composée de cinq districts qui s'étendent du nord de Madagascar (îles Éparses) au continent Antarctique (Terre Adélie) en passant par le sud de l'océan Indien (Kerguelen, Crozet, Saint-Paul et Amsterdam). Elle est le deuxième contributeur à la ZEE française, dont elle fournit un peu plus de 20 %, avec 2,3 millions de kilomètres carrés. Les Kerguelen ont aussi fourni les trois quarts de l'extension récente du plateau continental. Les populations de ces territoires, aux richesses biologiques exceptionnelles, ne sont constituées que de scientifiques ou de militaires, pour décourager les tentatives d'appropriation par les riverains, en particulier des îles Éparses qui sont proches de Madagascar.

☛ VOIR AUSSI

1812 : L'Océanie, continent invisible
1946 : L'atoll de Bikini
1982 : La Convention de Montego Bay

2015

LES MALDIVES

Les Maldives sont situées au sud-ouest de l'Inde. Elles sont l'archétype de l'archipel paradisiaque que le tourisme a sorti d'une extrême pauvreté. Mais à quel prix ?

L'archipel constitue un long chapelet de près de 1 200 îles étirées sur plus de 800 kilomètres. Avec moins de 300 km^2 terrestres, il s'étend sur plus de 115 000 km^2 et possède une zone économique exclusive (ZEE) de 859 000 km^2 ; la multitude d'îlots et les hauts-fonds qui les entourent ne laissent que deux passages praticables pour les grands navires qui traversent l'océan Indien d'est en ouest, désignés par leur latitude : le chenal du 8e degré, le plus emprunté, au nord, et le chenal d'1,5 degré.

En 2015, les Maldives sont sorties de la catégorie des pays les moins avancés (PMA), créée par L'ONU en 1971 pour identifier les pays affectés de lourds handicaps socio-économiques, mesurés par l'indice de développement humain (IDH). En 2021, selon le FMI, les Maldives se classaient au 61e rang pour le PIB par habitant, avec 14 500 dollars, devant la Roumanie ou l'Argentine. Comme les Seychelles, autre archipel de l'océan Indien, les Maldives ont fondé leur développement sur leur image paradisiaque et la beauté de leurs fonds sous-marins. Grâce au dessalement de l'eau de mer, 97 îlots hébergent des hôtels et le nombre de touristes a explosé : 100 000 en 1986, 500 000 à la fin du siècle et plus d'1,2 million aujourd'hui, dont les trois quarts sont des Européens.

Les Maldives côté pile : eaux turquoise, plages immaculées, atolls isolés ; le paradis pour touristes (voir cahier couleurs, p. XV).

Derrière la carte postale se cachent d'autres réalités moins idylliques : leur faible altitude (leur point culminant est plus bas qu'un plafond d'appartement !) rend la majorité des îles vulnérables à la montée des eaux et à l'érosion marine ; les déchets produits par les touristes et les industries s'entassent sur l'île-poubelle de Thilafushi, à raison de plus de 300 tonnes par jour ; enfin, la situation des droits de l'homme s'est dégradée depuis le coup d'État de 2012. Les touristes vivent donc dans une « bulle » largement isolée de la population, même quand ils transitent par l'aéroport international de Malé, la capitale, où vit plus du tiers des 430 000 Maldiviens.

Le « 7ᵉ continent »

80 % de la pollution en mer provient de la terre. Beaucoup de déchets se déposent sur le fond ou sont dégradés par des processus physico-chimiques, mais ce n'est pas le cas des plastiques, qui se concentrent au gré des courants : quoiqu'inhabité, l'atoll Henderson, proche de Pitcairn, présentait en 2017 la plus grande concentration de plastiques au monde avec près de 700 morceaux par mètre carré ! Même décomposés, on retrouve des micro-déchets plastiques sous forme de « soupe » au sein des gyres océaniques, zones où les courants piègent les objets dans un mouvement centripète. Un milliardaire norvégien a voué sa fortune à tenter de débarrasser l'océan des 165 millions de tonnes de déchets flottants et en 2018, le bateau d'*Ocean Cleanup* a pris la mer à San Francisco pour tester le nettoyage de la « soupe de plastiques » du Pacifique.

☛ VOIR AUSSI

1946 : L'atoll de Bikini
2024 : Le plus grand paquebot du monde

2015

LES MARÉES

En 2015 a eu lieu la première « marée du siècle » du troisième millénaire, avec une amplitude de coefficient 119 (pour un maximum de 120). La deuxième interviendra en 2033, car les plus fortes marées se produisent tous les 18 ans.

Le phénomène de marée est en effet très régulier, puisqu'il est déterminé par la proximité de deux astres, la Lune et le Soleil, dont les mouvements sont cycliques. Les effets gravitationnels de la Lune sont à peu près deux fois supérieurs à ceux du Soleil. Interviennent également la rotation du système Terre-Lune et la rotation propre de la Terre. De toutes ces forces résulte une « force génératrice de la marée » qui produit une oscillation périodique du niveau de la mer. Des ondes de marée parcourent les océans à une vitesse variable, de 600 km/h au large à 80 km/h dans la Manche. La période de cette onde est de 12h25. On dénombre donc deux marées quotidiennes, qui se décalent chaque jour d'environ cinquante minutes.

L'amplitude de la marée varie en fonction des cycles de la Lune. Tous les quatorze jours, lorsque la Lune et le Soleil sont alignés avec la Terre (nouvelle lune ou pleine lune), leurs effets s'additionnent, ce qui génère des marées de forte amplitude, dites « de vive-eau ». Lorsqu'au contraire la Lune et le Soleil forment un angle droit par rapport à la Terre (premier ou dernier quartier), leurs effets se compensent. On observe alors des marées « de morte-eau ». Au printemps et en automne, on assiste aux grandes marées d'équinoxe, lorsque la position du Soleil produit un effet maximal.

D'autres facteurs agissent sur le niveau de la mer en un point précis, comme la forme des côtes ou le relief sous-marin. Les plus fortes marées du globe se produisent dans la baie de Fundy, au Canada, avec une amplitude de 16 mètres (14 mètres dans la baie du Mont-Saint-Michel). Le vent et la pression atmosphérique modifient aussi la hauteur de l'eau. Ainsi, lors d'une dépression à 980 hectopascals, le niveau de l'eau s'élève d'environ 30 cm. Tout cela explique que les « marées du siècle » sont parfois peu spectaculaires !

Le Mont-Saint-Michel, « au péril de la mer »

Dès 708, un oratoire dédié à l'archange Saint Michel s'élève sur le Mont Tombe, rebaptisé « Mont-Saint-Michel au péril de la mer ». Les marées y sont en effet les plus fortes d'Europe. L'oratoire est devenu une abbaye bénédictine au xe siècle. Elle fut détruite au xiiie siècle lors de la conquête de la Normandie par Philippe Auguste, qui en finança la reconstruction. Devenue prison de 1791 à 1863, la « Merveille » est classée monument historique en 1874, puis restaurée par un élève de Viollet-le-Duc, Edouard Corroyer, qui y ajoute une flèche surmontée d'une statue de l'archange Saint Michel de 3,5 mètres de haut en plaques de cuivre, érigée en 1897 et équipée de paratonnerres. Classé au patrimoine mondial de l'UNESCO en 1979, le Mont a fait l'objet de travaux qui lui ont rendu son caractère semi-insulaire en 2015.

☛ VOIR AUSSI

2014 : L'érosion des côtes

2016

LA CPA CONTRARIE LA CHINE

Depuis la Convention de Montego Bay, les États s'efforcent de fixer les limites du territoire qu'ils peuvent contrôler en mer. La délimitation se fait souvent à l'amiable, mais peut aussi aboutir à des tensions, voire des conflits.

Depuis la Seconde Guerre mondiale, la République de Chine (Taïwan) et la République populaire de Chine (RPC) revendiquent une zone maritime s'étendant sur la quasi-totalité des mers de Chine ; cette revendication se matérialise sur les cartes officielles par une « ligne en neufs traits » (parfois dix en incluant Taïwan) tracée dans les eaux des mers de Chine et du Pacifique. Dans son arrêt, rendu le 12 juillet 2016, la CPA conteste les « droits historiques » réclamés par Pékin et rappelle que les éléments sur lesquels s'appuient les revendications chinoises ne donnent aucun droit à une mer territoriale ou à une zone économique exclusive (ZEE), puisqu'ils ne permettent pas une installation humaine permanente.

Cet arrêt n'est pas un « jugement » et ne sera pas appliqué, d'autant que la Chine n'a pas reconnu la compétence de la CPA pour les frontières maritimes. Il a cependant l'avantage de « dire le droit » et de rappeler qu'on ne peut utiliser n'importe comment la convention de Montego Bay. La RPC occupe toutefois depuis un demi-siècle les îles Paracels, d'où elle a chassé les Vietnamiens, et a construit des installations en dur sur sept récifs ou hauts-fonds des Spratly. Outre les ressources halieutiques ou minérales, non négligeables pour le premier pêcheur et le premier importateur d'hydrocarbures du monde, c'est aussi le contrôle sur la zone où se déploient ses sous-marins nucléaires au sortir de leur base du Hainan qui intéresse la Marine chinoise.

Si elle parvenait à imposer sa vision du droit, la Chine obtiendrait une ZEE de près de quatre millions de kilomètres carrés, alors qu'elle est aujourd'hui presque enclavée par les archipels ou péninsules qui limitent son extension vers le sud et l'est, du Japon à l'Indochine, en passant par la Corée ou Taïwan. Mais se joue aussi une conception de la puissance et du droit, illustrant cette *Pensée* de Blaise Pascal : « Ainsi, on n'a pu donner la force à la justice, parce que la force a contredit la justice et a dit qu'elle était injuste [...]. »

Les Spratly, un faux archipel

La mer de Chine méridionale, qui va du détroit de Formose aux archipels indonésiens, n'offre que de faibles profondeurs car elle recouvre un plateau continental ; cela explique sa richesse pour la pêche et la présence importante de territoires proches de la surface – récifs, îlots, mais aussi bancs de sable ou de corail et hauts-fonds découvrants, qui ne sont émergés qu'épisodiquement. Une centaine de ces objets est regroupée sous le nom d'« archipel des Spratly » ou « Spratley », s'étendant de Taïwan à Bornéo, et couvre une ZEE de plus de 700 000 km^2. L'« archipel » ne compte que 14 îles naturelles, dont l'île éponyme, pour une surface totale de 2 km^2, occupées par Taïwan, les Philippines et le Vietnam, tandis que la RPC a utilisé des millions de tonnes de remblai pour créer sept îles artificielles, sur lesquelles elle peut déployer des militaires et des missions officiellement scientifiques.

☛ VOIR AUSSI

1982 : La Convention de Montego Bay
2022 : Mise à l'eau du porte avions *Fujian*

2017

LES AIRES MARINES PROTÉGÉES

En 2017, une aire marine protégée est créée en mer de Ross, dans l'Antarctique. S'étendant sur 1,5 million de km^2 (trois fois la surface de la France), c'est le plus grand sanctuaire marin actuel.

Cet accord est le résultat d'années de travail du CCAMLAR, un groupe de 24 États chargés de protéger l'écosystème marin antarctique. Le milieu marin n'a fait l'objet de mesures de protection spécifiques que longtemps après les milieux terrestres. Si les États-Unis et l'Australie ont assez tôt intégré à leurs parcs nationaux des portions du littoral et des surfaces marines, il n'existait avant 1950 qu'une trentaine de sites dans le monde entier. Le mouvement de protection s'est accéléré à partir des années 1980. En 2023, on comptait environ 18 000 aires marines protégées, s'étendant sur 30 millions de km^2, soit 8 % de la surface totale des océans. En réalité, seule une part de cette surface fait l'objet d'une protection effective. Ainsi, la pêche n'est-elle régulée que dans 1 000 aires, représentant 3 % des océans.

Dans tous les pays, le littoral est soumis à des pressions toujours croissantes, immobilières ou industrielles. La moitié des aires protégées mesurent moins de 5 km^2 et sont souvent trop petites pour jouer un rôle significatif. La plupart sont situés sur le littoral, alors que la haute mer, et donc les grandes profondeurs, est peu protégée. Quels que soient leurs noms – parcs marins, zones de conservation, réserves marines –, la

« protection » exercée par ces sites est très variable. Il s'agit parfois seulement de zones où les activités humaines sont contrôlées, mais quelques-unes, généralement de petite taille, interdisent toute présence humaine, par exemple pour éviter de perturber la nidation des oiseaux.

En France, la plus ancienne aire marine est celle de Port-Cros, en Méditerranée, qui protège une surface marine de 2 900 hectares. L'Agence des aires marines protégées, créée en 2006, s'est donné pour objectif de classer 20 % des 11 millions de km^2 d'espace maritime administré par la France.

Les réserves de biosphère

La plupart des aires marines protégées sont aussi des zones habitées. L'exploitation des ressources marines est généralement essentielle pour leurs populations. Les réserves de biosphère cherchent donc à créer un équilibre entre la préservation des écosystèmes et le développement économique et culturel de leurs habitants. Les sites comprennent des aires strictement protégées entourées par des zones où sont mises en avant des activités de sensibilisation et d'éducation. Les autres parties des réserves accueillent des activités compatibles avec un développement durable. Ce découpage est conçu sous le contrôle des communautés locales, qui doivent pouvoir tirer un bénéfice de la protection d'une partie de leur territoire. En France, il existe trois réserves de biosphère : en mer d'Iroise, en Guadeloupe et en Polynésie.

☛ VOIR AUSSI

1808 : La vie dans les abysses
1975 : La révolution halieutique
1986 : La « loi littoral »
1997 : La mangrove des Sundarbans

2018

100 000 TONNES DE DIPLOMATIE

En 2018, l'US Navy inaugure avec le *Gerald Ford* une nouvelle classe de porte-avions nucléaires destinée à rester en service pendant… un siècle !

Comprenant onze exemplaires, dont chacun aura une durée de vie opérationnelle de cinquante ans, cette nouvelle classe remplacera la classe *Nimitz*, apparue en 1975. Elle intègre de nombreuses évolutions technologiques, dont un nouveau modèle de catapulte, électromagnétique. Les catapultes servent à propulser les avions pour leur donner la vitesse suffisante pour décoller au bout d'une centaine de mètres de piste. Les porte-avions à catapulte peuvent ainsi déployer des avions aux performances comparables à ceux basés à terre, contrairement aux porte-avions « à tremplin », qui mettent en œuvre des appareils à décollage court ou vertical, aux capacités plus limitées.

Mais à quoi sert aujourd'hui un porte-avions ? Régulièrement annoncé comme dépassé par les nouveaux armements, cet outil de projection aéronaval semble pourtant irremplaçable puisque toutes les grandes marines océaniques en ont, ou cherchent à s'en doter : la Chine en aura bientôt trois, dont un à pont plat, et l'Inde, qui dispose de deux porte-aéronefs, souhaite aussi se doter d'un « pont plat ». Un porte-avions constitue une véritable base aérienne parcourant 1 000 kilomètres par jour, autonome pour plusieurs semaines, capable d'opérer hors des eaux territoriales sans dépendre du bon vouloir d'alliés incertains, et d'atteindre 90 à 95 % des aires urbaines de la planète. La présence d'un groupe aéronaval joue un rôle dissuasif lorsqu'une crise internationale monte en puissance – en octobre 2023, les États-Unis ont ainsi dépêché deux porte-avions en Méditerranée orientale lors de la guerre entre Israël et le Hamas. D'autant plus que ses avions peuvent mettre en œuvre des armes nucléaires de puissance limitée, délivrant un ultime avertissement.

Assurer une présence et peser dans les crises sans aller jusqu'à une intervention au sol : l'outil aéronaval est la traduction parfaite de l'action diplomatique telle que la définissait le président américain Theodore Roosevelt au début du XXe siècle : « Parle avec douceur, porte un gros bâton et tu iras loin. »

La croisière de la « Grande Flotte blanche » (1907-1909)

Theodore Roosevelt (1858-1919), 26e Président des États-Unis (de 1901 à 1909), fut l'un des grands artisans de la transformation de son pays en puissance navale. Il appliquait les recommandations de l'amiral Alfred T. Mahan, auteur de nombreuses études historiques et d'un ouvrage fondateur : *The Interest of America in Sea Power – Present and Future*, publié en 1897. Sous son impulsion, l'US Navy passe du sixième rang mondial à la fin du XIXe siècle au troisième en 1914. C'est cette toute nouvelle puissance que Roosevelt exhibe à travers le monde sous forme de quatre escadres, composées chacune de quatre cuirassés, accompagnés de douze navires d'escorte, dont les coques ont été fraîchement repeintes en blanc – ce qui inspirera son surnom populaire. En un peu plus de 14 mois de navigation, les navires parcoururent quelque 36 000 milles marins (soit 67 000 km), et les 14 000 marins acquirent une grande expérience de la navigation et des tirs d'artillerie. Pourtant, la plupart de ces navires sont déjà obsolètes : en 1906, la Royal Navy a mis en service un tout nouveau modèle de cuirassé, le *Dreadnought*, plus rapide et plus puissant, obligeant les autres marines à renouveler leur flotte de premier rang.

☛ VOIR AUSSI

1944 : Le rôle de la mer dans les guerres mondiales
2022 : Mise à l'eau du porte-avions *Fujian*

Le porte-avions *USS Gerald Ford* lors de ses essais en 2017. Les « rails » des quatre catapultes sont bien visibles et le « château » (îlot latéral où sont concentrées les passerelles) semble perdu sur les 20 000 m^2 du port d'envol.

2022

LE BLANCHIMENT DES CORAUX

En 2022, la grande barrière de corail d'Australie a subi un blanchissement généralisé, le quatrième depuis 2016. Du fait de l'élévation de la température de la mer, les coraux ont perdu leurs couleurs et sont devenus blancs. Le réchauffement climatique rend ces épisodes plus en plus fréquents.

Le corail est un animal colonial constitué de millier d'individus liés les uns aux autres. Chaque individu ressemble à une minuscule anémone de mer, avec un corps cylindrique surmonté d'une couronne de tentacules urticants. La colonie produit un squelette calcaire dont la forme varie selon les espèces. Tous ces animaux sont intimement associés à des microalgues, les zooxanthelles, dont les pigments donnent aux coraux leurs couleurs brunes, vertes ou jaunes. Bien protégées dans les tissus de leur hôte, les algues se multiplient rapidement et produisent des sucres qui servent de nourriture aux polypes.

Cette symbiose, association à bénéfices mutuels, profite aussi aux autres animaux des récifs. En effet, les zooxanthelles en surnombre sont expulsées et consommées par les poissons, les crevettes ou les coquillages. Les récifs coralliens, qui ne représentent que 0,1 % de la superficie des océans, hébergent ainsi plus d'un quart des espèces marines. Indirectement, ils nourrissent également des dizaines de millions d'humains.

Corail blanchi ayant expulsé les algues symbiotiques qui le coloraient (voir cahier couleurs, p. XVI).

Si la température de l'eau s'élève, le corail expulse ses microalgues et devient blanc. Si la situation se prolonge, il finit par mourir. Par la suite, des larves de corail pourront se fixer sur les squelettes morts et produire de nouvelles colonies. Mais lorsque la fréquence du blanchiment augmente, le corail est remplacé par des algues qui n'offrent pas un milieu aussi favorable aux autres espèces. La mort du corail aboutit ainsi à une baisse générale de la biodiversité.

L'acidification des océans

Le réchauffement climatique est doublement néfaste pour les coraux. Non seulement il accroît la température de l'eau et les risques de blanchiment des coraux, mais il atteint aussi leurs capacités de croissance. En effet, les océans absorbent une partie du dioxyde de carbone (CO_2) de l'atmosphère. Cela ralentit un peu le réchauffement, mais ce gaz augmente l'acidité de l'eau. Le squelette calcaire du corail se dissout alors plus vite qu'il ne se construit. Si ce phénomène se poursuit, il pourrait aboutir dans un avenir proche à la disparition d'une part importante des récifs du monde. Au cours de leurs centaines de millions d'années d'évolution, les coraux ont résisté à de nombreux épisodes catastrophiques et devraient se remettre de celui-ci. Mais le temps des humains est bien plus bref que celui des coraux...

☛ VOIR AUSSI

1997 : La mangrove des Sundarbans
2014 : El Niño
2014 : Le réchauffement climatique

2022

MISE À L'EAU DU PORTE-AVIONS *FUJIAN*

Avec la mise à l'eau du porte-avions *Fujian*, la Chine confirme son rang de deuxième puissance navale et devient la troisième marine à détenir un porte-avions « à pont plat ».

Le début du XXIe siècle est marqué par la « territorialisation » des océans, selon l'expression du géographe Michel Foucher, à savoir la mainmise croissante des États sur les espaces océaniques, traditionnellement considérés comme libres d'accès. Les enjeux géopolitiques liés à la mer augmentent, de la préservation de la biodiversité à l'exploitation des ressources ou à la circulation des marchandises et des données, via les routes maritimes ou les câbles sous-marins. Le rôle central désormais joué par les océans dans l'économie pousse les pays à tracer et à faire respecter leurs frontières en mer. Les revendications contradictoires ou l'application incertaine des règles par de nombreux acteurs provoquent des tensions.

Ces rivalités expliquent une course globale aux armements, particulièrement sensible pour les flottes de guerre. Les navires les plus puissants sont les porte-avions, et la Chine, dans sa volonté d'affirmation de puissance, a entrepris de s'en doter. Après deux exemplaires de taille moyenne, pourvus d'un tremplin pour la mise en œuvre d'avions à décollage court ou vertical, le porte-avions *Fujian* est équipé d'un pont plat et de catapultes électromagnétiques pour projeter des avions plus lourds, capables de rivaliser avec les appareils basés à terre. L'US Navy, seule autre marine maîtrisant cette technologie, compte une dizaine de porte-avions, tous à propulsion nucléaire, longs de plus de 330 mètres et déplaçant plus de 100 000 tonnes. Le *Fujian* a un moteur diesel et déplace moins de 90 000 tonnes, mais un quatrième porte-avions chinois est déjà en chantier, probablement au format « américain » et à propulsion nucléaire. Cette nouvelle série devrait compter trois ou quatre exemplaires, confirmant la volonté chinoise de rivaliser avec le « *thalassokrator* » (maître de la mer) américain. Il reste cependant du chemin à faire : avec 1,5 million de tonnes, la marine chinoise est, certes, la deuxième du monde, mais ne représente que la moitié de sa rivale, même si elle compte un plus grand nombre de bâtiments.

Le *Charles de Gaulle*, porte-avions « de poche »

La seule marine équipée d'un porte-avions à pont plat et catapultes en dehors des États-Unis et de la Chine est la Marine nationale française. Doté d'une propulsion nucléaire et de catapultes à vapeur, le *Charles de Gaulle* est un petit modèle par rapport à ses homologues : 260 mètres de long, 42 000 tonnes de déplacement. Mais il peut quand même embarquer une quarantaine d'appareils, essentiellement des *Rafale Marine*, très semblables à ceux qui équipent l'armée de l'Air et pouvant mettre en œuvre une arme nucléaire de faible puissance. Le successeur du *Charles de Gaulle*, annoncé pour 2038, sera nettement plus imposant, dépassant les 300 mètres et les 80 000 tonnes de déplacement en charge. Ce sera le plus grand navire de guerre européen, dépassant les deux porte-aéronefs britanniques de la classe *Queen Elizabeth*, qui sont des porte-avions à tremplin.

☛ VOIR AUSSI

1982 : La Convention de Montego Bay
2016 : La CPA contre la Chine
2018 : 100 000 tonnes de diplomatie

2023

SIGNATURE DE LA BBNJ

Complétant la Convention de Montego Bay, le traité « Marine Biodiversity of Areas Beyond National Jurisdiction » (BBNJ) a pour objectif de protéger les ressources marines en haute mer.

En instaurant les Zones économiques exclusives, parfois prolongées par un plateau continental, le texte de 1982 soumettait environ un tiers des espaces océaniques à la juridiction des États. Restaient les deux tiers des mers, soit près de la moitié de la surface de la planète, dont seuls le plancher océanique et le sous-sol étaient protégés par le statut de « bien commun de l'humanité ». Mais cette résolution avait été adoptée par l'ONU en 1970, date à laquelle les humains étaient dans l'impossibilité pratique d'aller exploiter les ressources, essentiellement minérales puisque la haute mer correspond à des profondeurs très importantes (où les ressources halieutiques sont méconnues et sans doute rares).

Toutefois, les progrès dans l'exploration à grande profondeur et les découvertes en biologie marine et en génétique rendent envisageable l'exploitation des gisements miniers, mais aussi du patrimoine génétique d'organismes dont les facultés d'adaptation à des conditions de vie extrêmes intéressent fortement les chercheurs… et les industriels. Pour éviter une appropriation inégalitaire ou une exploitation sauvage et destructrice, il fallait donc un texte clarifiant les statuts et les droits des différents acteurs.

La négociation a été lancée par l'ONU à la fin de l'année 2017, et sa conclusion fut un temps retardée par l'épidémie de Covid-19 et les confinements qu'elle provoqua. Le texte définitif a été adopté en mars 2023 et proposé à la signature à l'occasion de l'assemblée générale de l'automne. Début octobre 2023, plus de 80 États l'avaient déjà signé, y compris les États-Unis et la Chine, alors que 60 ratifications seront nécessaires pour qu'il entre en vigueur. Il s'ajoute aux compétences déjà reconnues aux États (droit du pavillon) et permettra, par exemple, de créer des aires marines protégées hors des juridictions nationales, facilitant la réalisation de l'objectif de 30 % de l'océan mondial protégé d'ici 2030.

De la négociation à la ratification

L'adoption d'un traité international est une procédure d'autant plus complexe et longue que le nombre de « parties » est important. Elle nécessite de multiples sessions de négociation, entre lesquelles les pays font évoluer leurs positions et propositions et échangent des avant-projets, puis il faut arrêter le texte définitif (mars 2023 pour la BBNJ). Ce texte doit être signé par les représentants des États – ministres ou ambassadeurs, chefs de gouvernement ou d'État pour les textes les plus solennels ; c'est ce qui confirme l'accord de chaque partie sur le texte final. Mais comme c'est le législateur qui fait la loi nationale, le texte accepté par les gouvernements doit être confirmé par les Parlements nationaux : c'est le vote de ratification. L'acte attestant de ce vote doit ensuite être déposé auprès du pays ou de l'organisation dépositaire du traité (ici, l'ONU) pour que l'adhésion du pays au traité soit officiellement enregistrée.

☛ VOIR AUSSI

1982 : La Convention de Montego Bay

2024

LE PLUS GRAND PAQUEBOT DU MONDE

Le chantier naval de Turku, en Finlande, a livré en 2024 à la compagnie Royal Caribbean International (RCI) l'*Icon of the Seas*, qui embarquera près de 10 000 personnes.

Le titre de « plus grand paquebot du monde » a été détenu jusqu'en 2023 par le *Wonder of the Seas*, construit à Saint Nazaire et livré en 2021 à la même compagnie, qui s'ingénie à agrandir petit à petit ses nouveaux navires pour bénéficier de l'attrait médiatique que suscite tout nouveau record de taille. L'intérêt est aussi commercial : en passant de 362 à 365 mètres de long, l'*Icon* accueillera près de 10 % de passagers en plus (7 600 au lieu de 7 000) et proposera, avec plus de 2 000 membres d'équipage, des services qui en feront un parc d'attractions flottant autant qu'un hôtel-restaurant : 20 ponts, 7 piscines équipées de 6 toboggans, une patinoire, sans compter les multiples bars et restaurants thématiques. De quoi occuper le temps passé à bord, limité à une semaine de croisière entre la Floride et les Caraïbes – l'Amérique fournit la moitié des croisiéristes, contre seulement 25 % pour l'Europe. De quoi aussi attirer une clientèle plus jeune, la croisière ayant toujours l'image d'un loisir de retraités.

Car si les paquebots furent d'abord le seul moyen de joindre les continents, ce sont aujourd'hui les nouveaux fleurons du tourisme de masse. Alors qu'ils rivalisaient jusqu'aux années 1950 pour décrocher le « ruban bleu », récompense honorifique pour la traversée la plus rapide de l'Atlantique, ils s'attardent aujourd'hui d'escale en escale pour satisfaire une clientèle toujours plus nombreuse : avant l'épidémie de Covid-19, le nombre de croisiéristes avait atteint 28 millions, ce qui ne représente toutefois que 2 % du total des touristes mondiaux. L'épidémie, qui a fortement impacté le secteur (une cinquantaine de compagnies ont cessé leur activité), est en passe d'être effacée : au premier semestre 2023, le recul du nombre total de touristes par rapport au record de 2019 n'est plus que de 16 % et la flotte de paquebots se renouvelle, permettant d'intégrer les nouveaux enjeux environnementaux – l'*Icon of the Seas* sera ainsi le premier navire propulsé au gaz naturel liquéfié (GNL) de la flotte de RCI.

Le bon air du large

L'air marin est réputé excellent pour la santé – de nombreux sanatoriums sont installés en bord de mer. Pourtant, des relevés effectués lors d'une croisière par des journalistes britanniques ont révélé la présence à bord du paquebot de deux fois plus de particules fines que dans le centre de Londres ! Et les riverains des ports d'escale – à Marseille notamment – se plaignent souvent des nuisances sonores et de la pollution générées par les paquebots, obligés de laisser tourner leurs moteurs, même à quai, pour continuer à être alimentés en énergie. Il faut dire que la plupart des navires, paquebots compris, utilisent des moteurs diesel et que le carburant marin est plus chargé en soufre que ceux pour les véhicules terrestres. La règlementation et les techniques évoluent cependant : l'Organisation maritime internationale (OMI) impose de diminuer la dose de soufre dans le carburant marin, la propulsion au GNL (gaz naturel liquéfié) se répand et le retour de la voile est envisagé, comme appoint, pour diminuer la consommation de carburant, donc la pollution.

☛ VOIR AUSSI

1843 : Le paquebot *Great Britain*
1866 : La grande course du thé
1869 : Le canal de Suez
1968 : La maritimisation de l'économie

BIBLIOGRAPHIE

Attali J., *Histoires de la mer*, Fayard, 2017.

Bard E., *L'Océan, le climat et nous : un équilibre fragile ?*, Le Pommier, 2011.

Bellec F., *Les Sauveteurs : Histoire folle et raisonnée du sauvetage en mer*, Chasse-Marée éditions, 2008.

Buchet C., Etienne J.-L., *La Grande Histoire vue de la mer*, Le Cherche-Midi, 2017.

Calcagno R., *Les Grands Fonds*, Institut océanographique, Éditions du Rocher, 2011.

Chandeigne M., Duviols J.-P., *Sur la route de Colomb et Magellan*, Le Cavalier bleu, 2011.

Cury P., Pauly D., *Mange tes méduses !*, Odile Jacob, 2013.

Denhez F., *Plus de poisson à la criée. Menaces sur les réserves mondiale*, Delachaux et Niestlé, 2008.

Desbruyères D., *Les trésors des abysses*, Quae, 2010.

Fichou J.-C., Le Hénaff N., Mével X., *Phares, histoire du balisage et de l'éclairage des côtes de France*, Douarnenez, Le Chasse-Marée/Armen, 1999.

Guerra A., Segonza M., *Géants des profondeurs*, Quae, 2014.

Guézennec J., *Bactéries marines et biotechnologies*, Quae, 2014.

Labeyrie L., *Submersion : Comment gérer la montée du niveau des mers*, Odile Jacob, 2015.

Morel C., *Les Câbles sous-marins*, CNRS Éditions, 2023.

Nouvian C., *Abysses*, Fayard, 2006.

Panafieu J.-B., *Le bestiaire marin*, Plume de Carotte, 2008.

Poirier-Coutansais P., *La Terre est bleue : Atlas de la mer au XXIe siècle*, Les Arènes, 2015.

Royer P., *Géopolitique des mers et des océans*, PUF, 2014.

Sardet C., *Plancton : Aux origines du vivant*, Eugen Ulmer Eds, 2013.

Sartre M., *Le Bateau de Palmyre : Quand les mondes anciens se rencontraient (IVe siècle av. JC-Ve siècle ap. JC)*, Taillandier, 2021.

Simion L., *Antarctique, cœur blanc de la Terre*, Belin, 2007.
Taillemite E., *Les Découvreurs du Pacifique : Bougainville, Cook, La Pérouse*, Gallimard, 2004.
Teletchea F., *De la pêche à l'aquaculture : Demain, quels poissons dans nos assiettes ?*, Belin, 2016.
Vergé-Franceschi M., *Henri le Navigateur et les grandes découvertes du Portugal*, Éditions du félin, 2016.

INDEX

A

B

C

D

E

F

G

H

I

J

K

L

M

N

O

P

Q

R

S

T

U

V

W

Z

REMERCIEMENTS

La liste des personnes que nous devrions remercier est trop longue pour figurer en si peu de place, mais nous tenons à marquer plus spécialement notre gratitude envers les personnes dont les œuvres ou travaux nous ont inspirés, ou qui ont eu la gentillesse de nous relire pour rectifier des formulations imprécises ou des informations incomplètes, et pour clarifier des explications parfois trop techniques : Christian Buchet, Jean-Louis Fillon, André Louchet, Cyril Poirier-Coutansais et Viviane Thivent.

CRÉDITS ICONOGRAPHIQUES

P. 10-11, 15 : © Jean-Philippe Delobelle / Biosphoto. **P. 21** : © terrababy / iStock. **P. 23** : © Ivan Kmit / Alamy Stock Photo / hemis.fr. **P. 27** : © NASA SVS. **P. 29** : © SEUX Paule / hemis.fr. **P. 33** : © Prismatic Pictures / Bridgeman Images. **P. 37** : © alihrdinova.com / Shutterstock. **P. 41** : © Wikimedia. **P. 43** : © akg-images / Erich Lessing. **P. 47** : © Oceans-Image / Photoshot / Biosphoto. **P. 48-49** : © heritage Images / Leemage. **P. 55** : © GUIZIOU Franck / hemis.fr. **P. 59** : © 2023 Roger de la Harpe / Shutterstock. **P. 65** : © akg-images. **P. 69** : © heritage Images / Leemage. **P. 71** : © Luisa Ricciarini / Leemage. **P. 79** : © Jon Arnold Images / hemis.fr. **P. 83** : © BRUSINI Aurélien / hemis.fr. **P. 95** : © Philippe Poulet / MAXPPP. **P. 97** : © DeAgostini / Leemage. **P. 101** : © NASA – GSFC / SPL – Science Photo Library / Biosphoto. **P. 103** : © akg-images. **P. 107** : © Photo Researchers / Danté Fenolio / Biosphoto. **P. 111** : © ZUMA PRESS/MAXPPP. **P. 115** : © Sotheby's / akg-images. **P. 123** : © Korn Srirawan / Shutterstock. **P. 127** : © Dante Fenolio / Photo Researchers, Inc. **P. 129** : © HAUSER Patrice / hemis.fr. **P. 137** : © onfilm / iStock. **P. 139** : © Jeffrey Rotman / Biosphoto. **P. 143** : © akg-images / Science Photo Library / Natural History Museum, London **P. 145** : © STICHELBAUT Benoit / hemis.fr. **P. 148** : © Bruno Guénard / Biosphoto. **P. 151** : Minden / hemis.fr. **P. 155** : © westphalia / iStock. **P. 156-157** : © sandsun / Shutterstock. **P. 159** : © Robert Harding / hemis.fr. **P. 163** : © Cultura / hemis.fr. **P. 167** : © akg-images / arkivi. **P. 171** : © IP3 PRESS/MAXPPP. **P. 173** : © HeliRy / iStock. **P. 179** : © akg-images / LIBRARY OF CONGRESS / SCIENCE PHOTO LIBRARY. **P. 183** : © akg-images. **P. 187** : domaine public. **P. 189** : © Chris Howarth / South Atlantic / Alamy Stock Photo / hemis.fr. **P. 197** : © sandsun / Shutterstock. **P. 202-203** : © Yves Lefèvre / Biosphoto. **P. 205** : © P. Rona / OAR/National Undersea Research Program (NURP); NOAA – NOAA Photo Library. **P. 209** : © akg-images / Pictures From History. **P. 211** : © Yves Lefèvre / Biosphoto. **P. 215** : © HAUSER Patrice / hemis.fr. **P. 217** : © Ajax News & Feature Service / Alamy Stock Photo / hemis.fr. **P. 227** : © Jesse Allen / NASA. **P. 229** : © Jon Arnold Images/ hemis.fr. **P. 233** : © Spl / Hemis.fr. **P. 235** : © yohann cordelle / CC BY 3.0 / Wikimedia. **P. 239** : © BOURSEILLER Philippe / hemis.fr. **P. 243** : © ISS / ESA. **P. 247** : © 2020 ibrahgm / Shutterstock. **P. 257** : © 2019 Mav Kang/Shutterstock. **P. 267** : © US Navy Photo / Alamy Stock Photo / hemis.fr. **P. 269** : © 2016 Damsea / Shutterstock. **P. I** : © Ivan Kmit / Alamy Stock Photo / hemis.fr. **P. II** : © NASA SVS. **P. III** : © akg-images / Erich Lessing. **P. IV** : © heritage Images / Leemage. **P. V** : © Luisa Ricciarini / Leemage. **P. VI** : © NASA - GSFC / SPL - Science Photo Library / Biosphoto. **P. VII** : © akg-images. **P. VIII** : © Photo Researchers / Danté Fenolio / Biosphoto. **P. IX** : © Dante Fenolio / Photo Researchers, Inc. / Biosphoto. **P. X** : © STICHELBAUT Benoit / hemis.fr. **P. XI** : © sandsun / Shutterstock. **P. XII** : © Jesse Allen / NASA. **P. XIII** : © Spl / Hemis.fr. **P. XIV** : © ISS / ESA. **P. XV** : © 2019 Mav Kang / Shutterstock. **P. XVI** : © US Navy Photo / Alamy Stock Photo / hemis.fr.

85868 - (I) - SOP 80° - NOC - MPN

Imprimerie CHIRAT - 42540 Saint-Just-la-Pendue

Dépôt légal : mai 2024

Imprimé en France